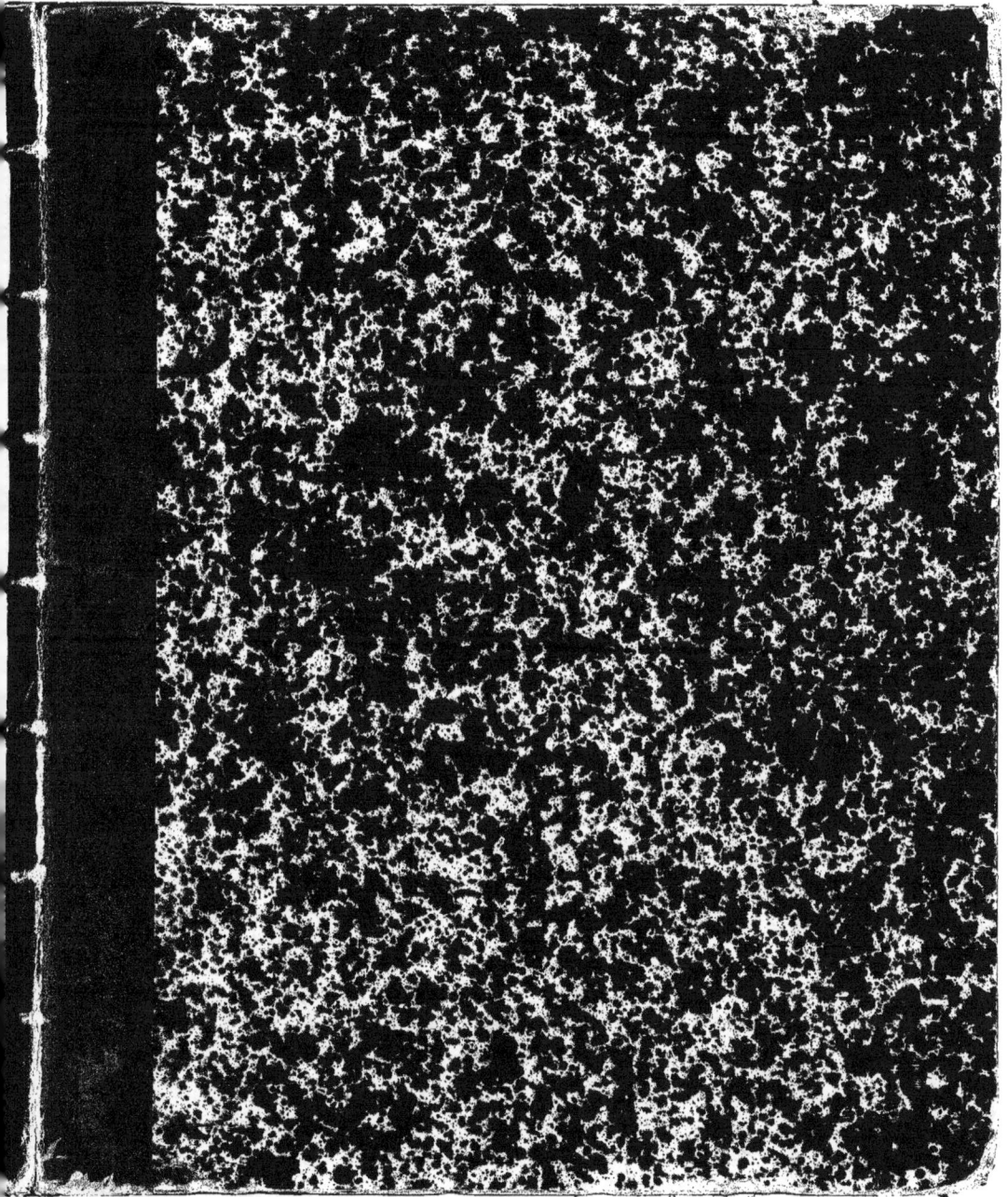

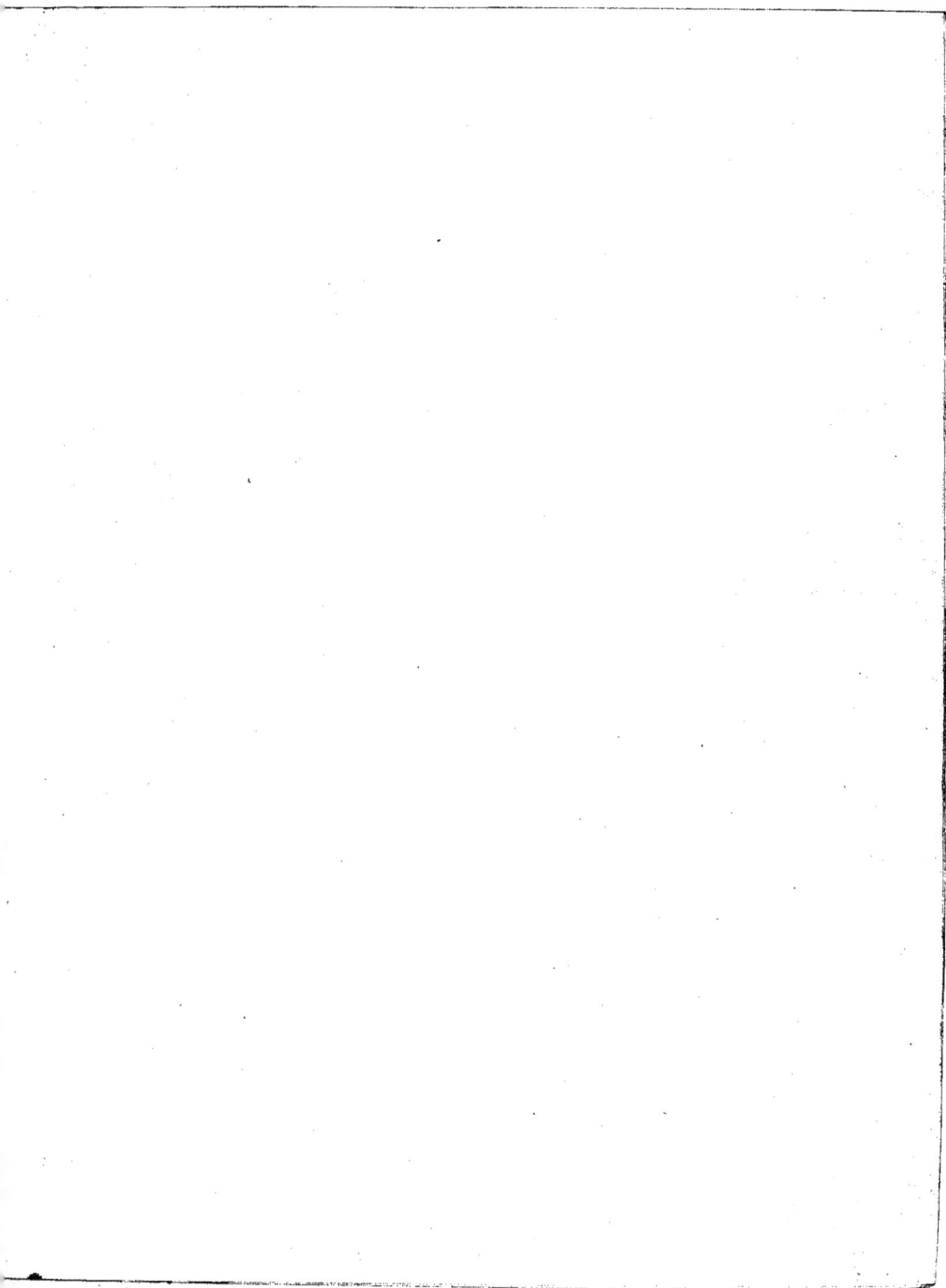

V

RECUEIL

DES BOUCHES A FEU

LES PLUS REMARQUABLES

DEPUIS L'ORIGINE DE LA POUDRE A CANON JUSQU'A NOS JOURS

commencé

PAR M. LE G^l D'ARTILLERIE MARION

et

CONTINUÉ SUR LES DOCUMENTS DUS A MM. LES OFFICIERS DES ARMÉES FRANÇAISES ET ÉTRANGÈRES

par

MARTIN DE BRETTES,

Capitaine d'artillerie à l'État-Major de l'École polytechnique

et J. CORRÉARD, DIRECTEUR DU JOURNAL DES SCIENCES MILITAIRES.

ATLAS DE 130 PLANCHES

PARIS

LIBRAIRIE MILITAIRE, MARITIME ET POLYTECHNIQUE

DE J. CORRÉARD.

RUE CHRISTINE, 1.

1853

TABLE DE L'ATLAS

PREMIÈRE PARTIE.

DEUXIÈME PARTIE.

TROISIÈME PARTIE.

PIÈCES EN FER.

Canon Vénitien.
(Pl. I.er de Longueur.)

Bouche de ... La Bombe

Barbaïane.

Canon de la Arme de la décorent de la Pombre.

Espingarde.

Canon de 45.
(Section du Tonnerre d'Arme)

Canon Pavesien.

Spingarde

Arquebuse.

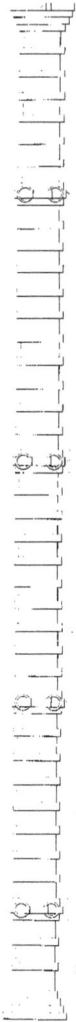

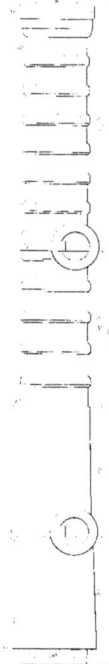

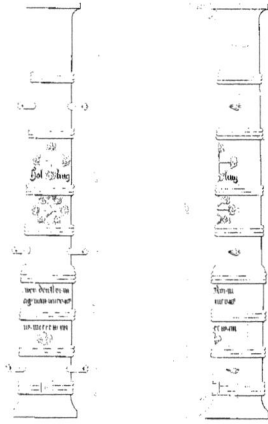

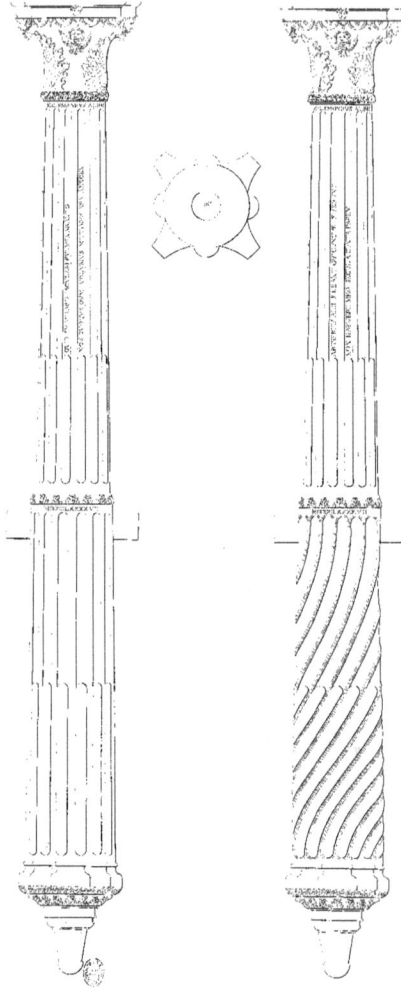

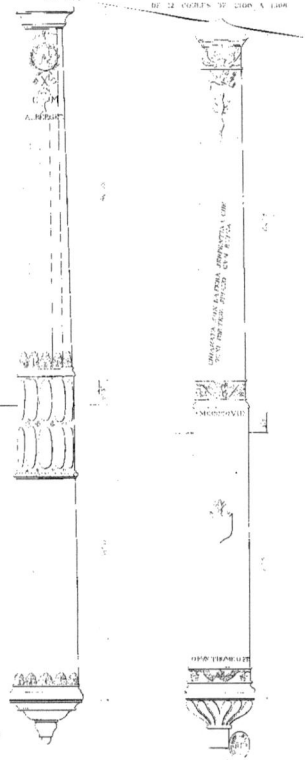

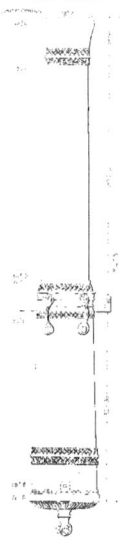

Pl. 4

Bouches Italiens

Canon Russe

Le Griffon

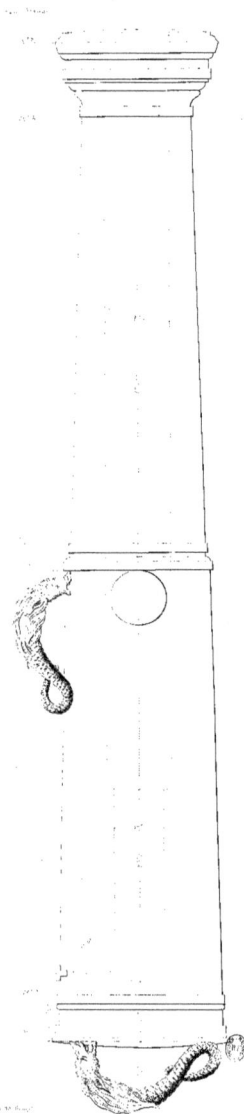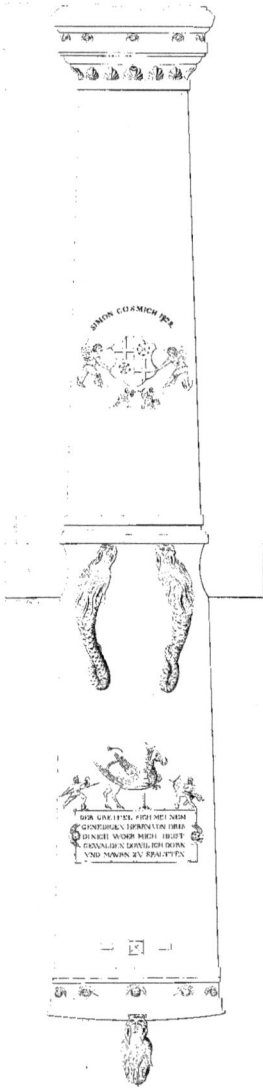

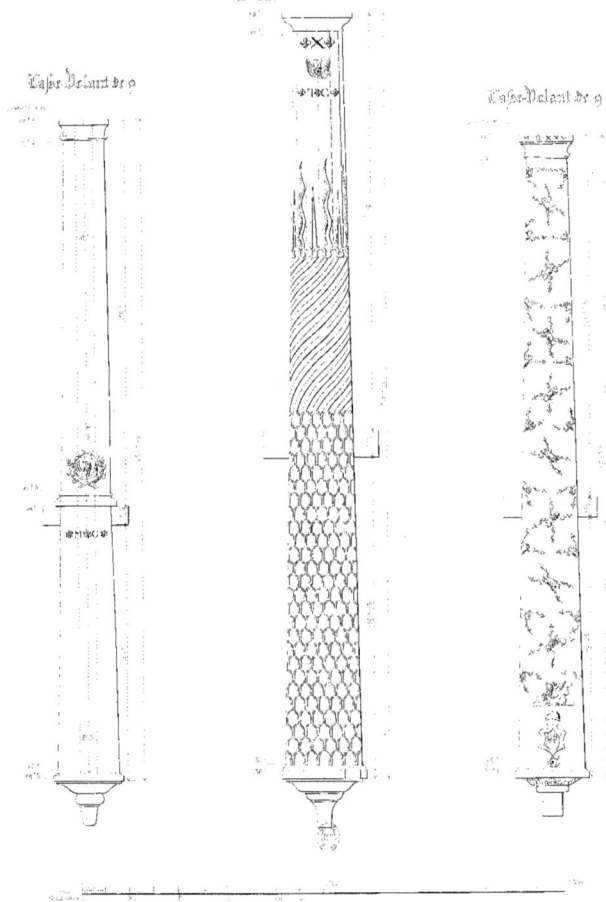

Canons de 20.

Le Consulaire

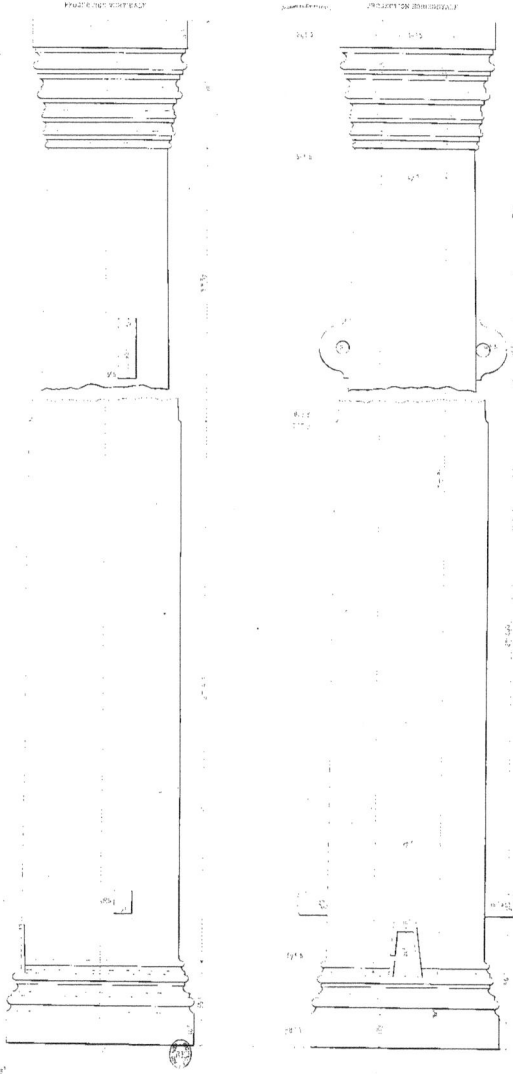

Pl. 9.

Canons de 6 et de 8

Faucons de 6.

FONTE DE FAILLY

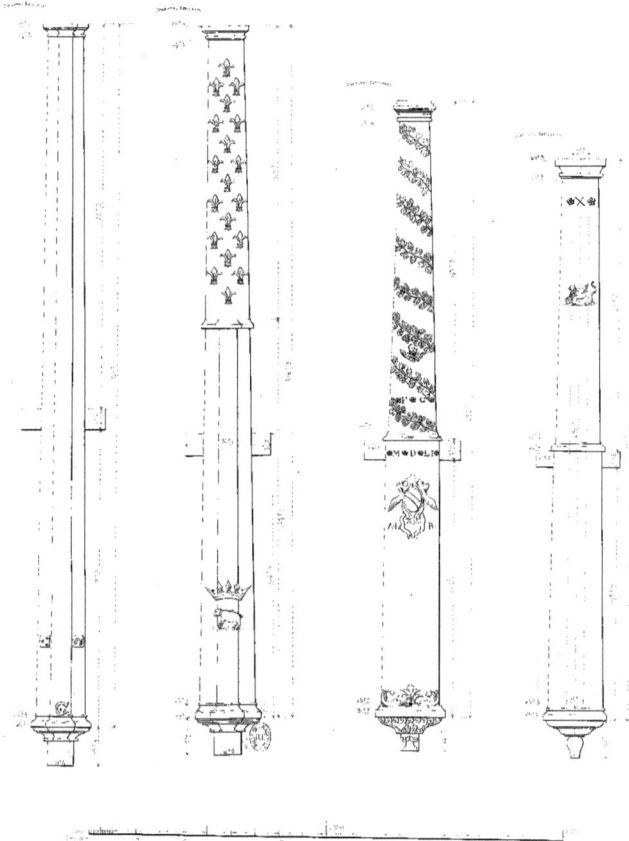

Pl. 31.

Canons de 40ᵐᵉ

de l'Empereur Charles Quint

Vénitien du 16ᵐᵉ siècle

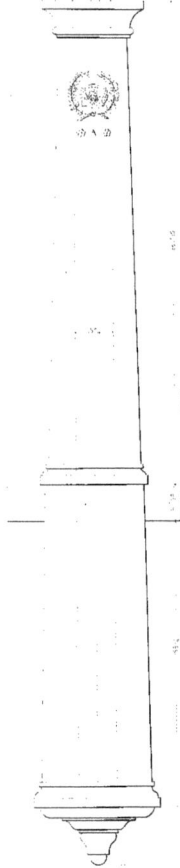

Vénitien du 17ᵐᵉ siècle

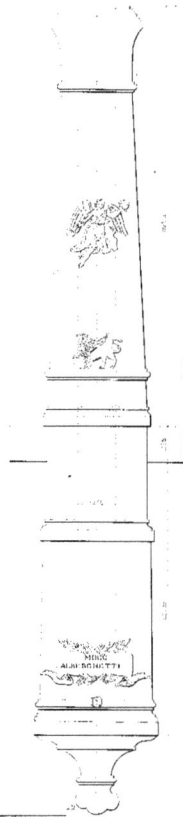

Canons conlés à Venise

Pl. 17

Pl. 15

Canons Siciliens

D. ANDREAS ROMANO ME FECIT.

Canon Russe

Canons Autrichiens

Canon Brandebourgeois de 12

CALIBRE DE 1560

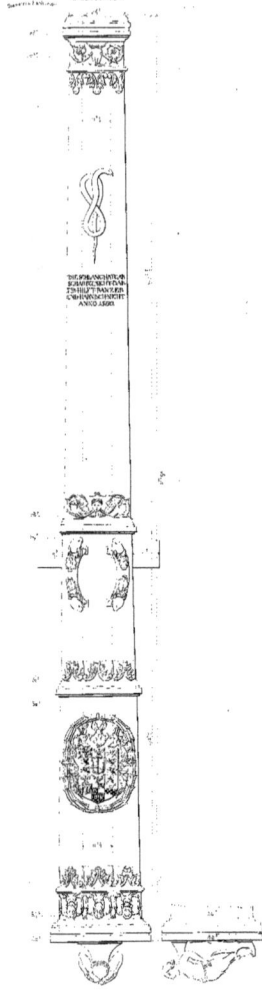

Canon Français de 16

BREECH DE L'ALLÉE

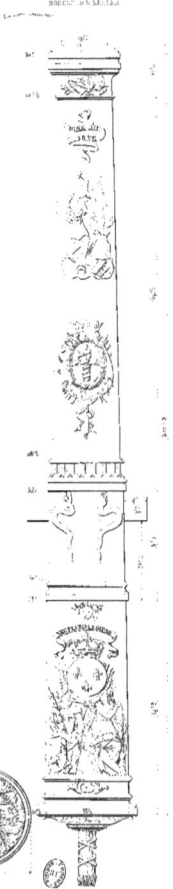

Pl. 11.

Canon en Bronze de 38.

Canons Russes

Canon en Bronze de 41.

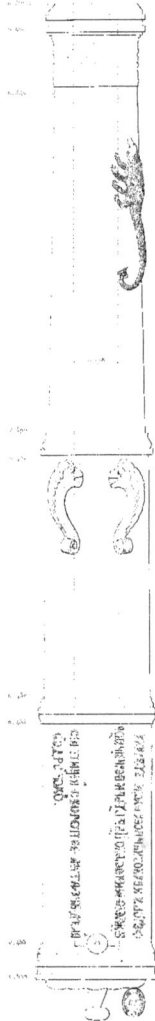

Pl. 17.

Canon en Bronze de 38

Canons Russes

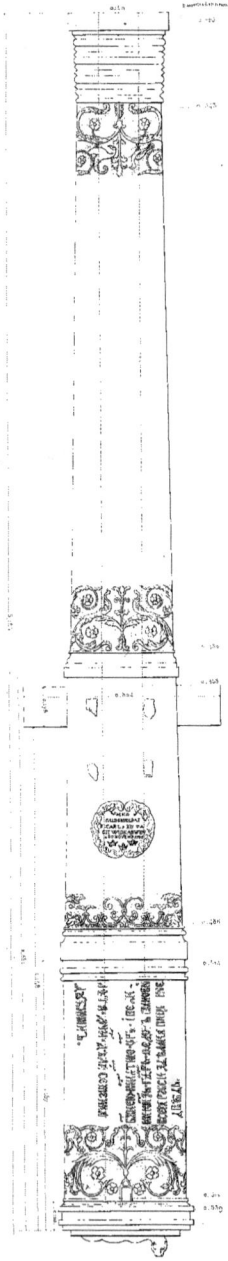

Canon en Bronze de 40

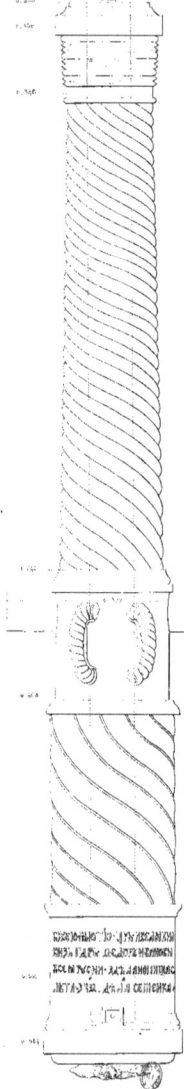

Pl. 10

Couleuvrine de Nancy

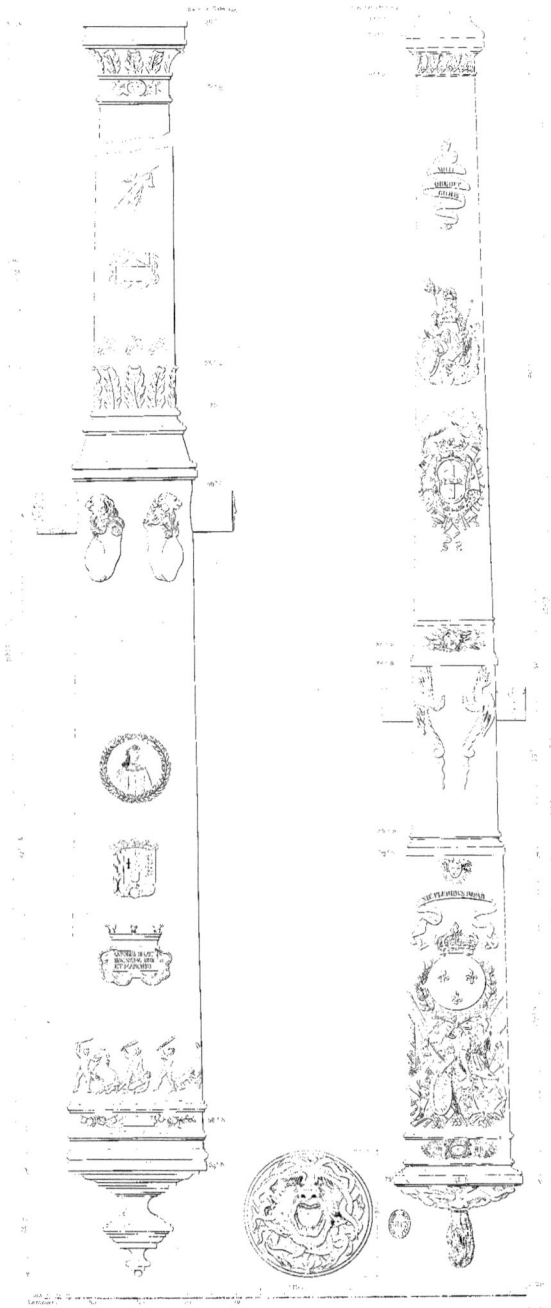

Couleuvrine de 10

Canons de Baden

Canon de 48

Canon de 12

Canon Polonais de 12

Pl. 21

Canon Espagnol de 4?

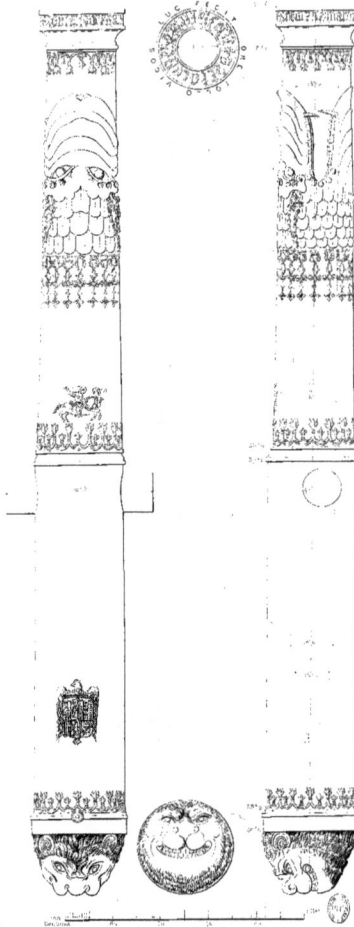

Canon Brémois de 12

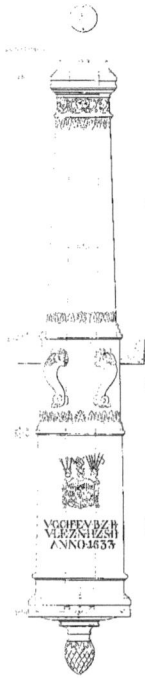

Canons Polonais de 12

VCCIFFVBZR
VLEZNIEZSII
ANNO 1633

Pl. 23

Canons Espagnols

Canons Espagnols

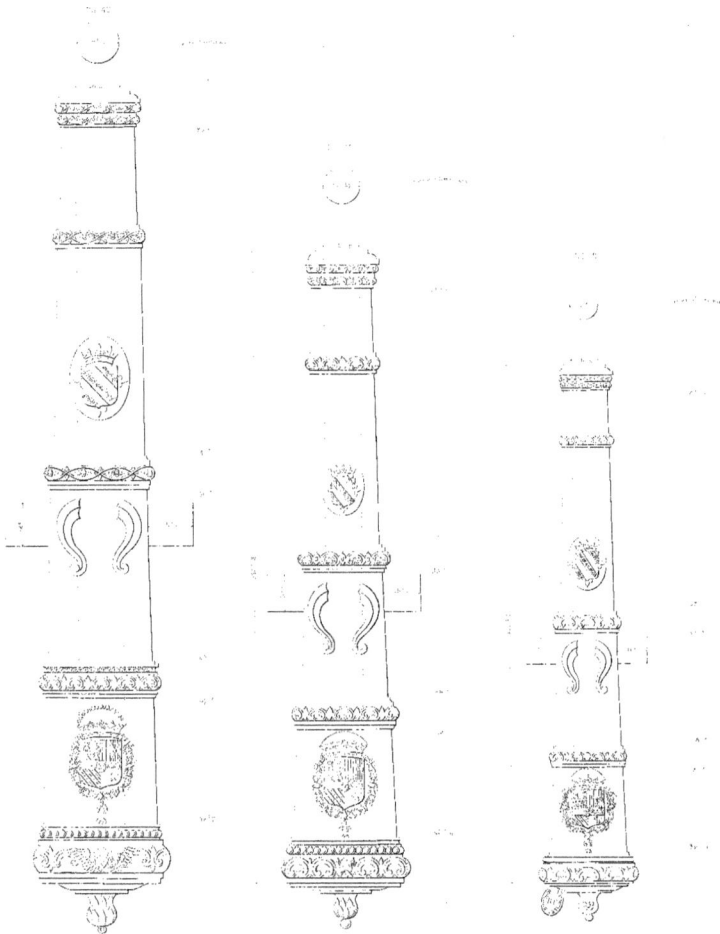

Canon Indien

... ...

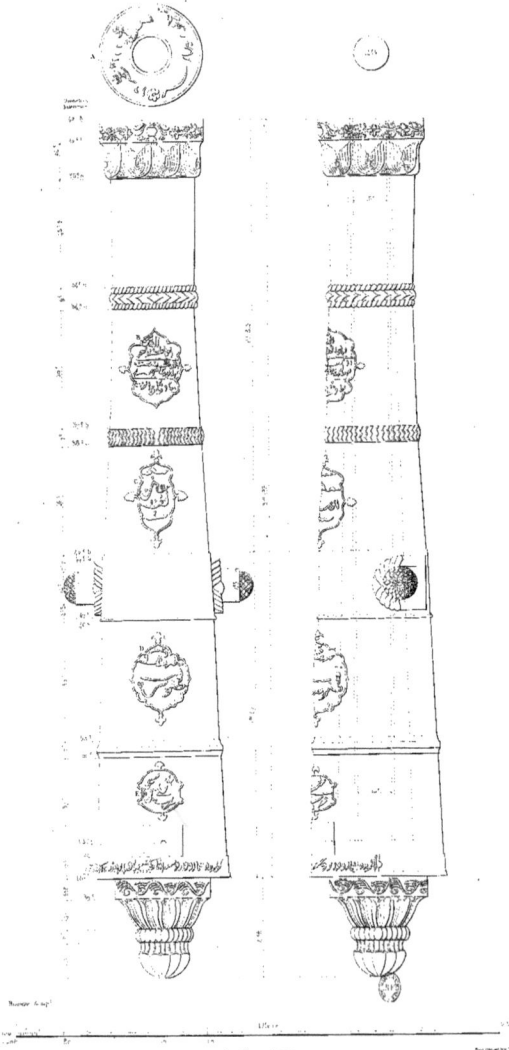

Pl. 26.

Canons Français de 24

D'APRÈS...

Pesant

Léger

Pl 27

Canon de 64

Canons Prussiens de 12

Fig. 3.   Fig. 4.   Fig. 2.

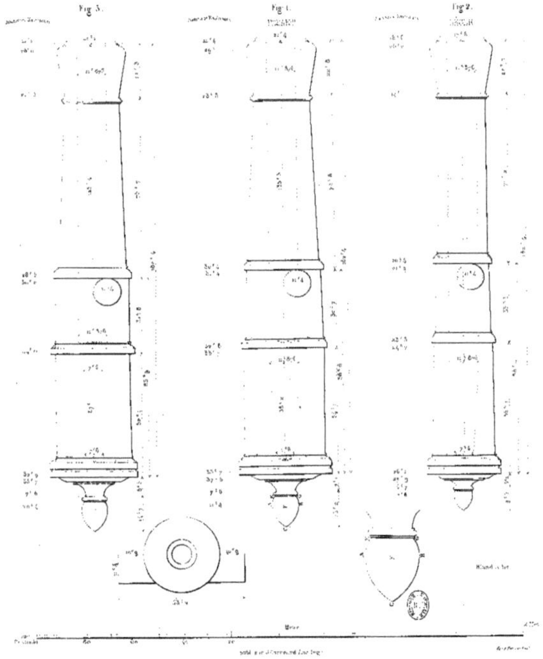

Pl. 29.

Canons Français de 4

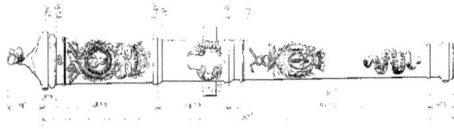

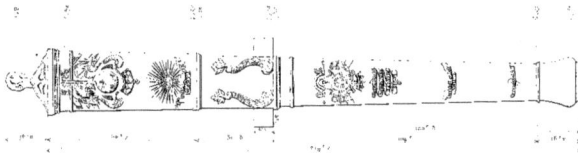

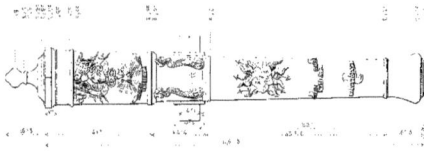

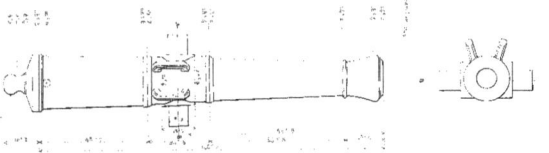

Pl. 50.

Anciens Canons

Premiers Canons

EN FER

Pl. 32

L'Esclave

Pl. 33

Canons Vénitiens

Pl. 54

Canons Vénitiens

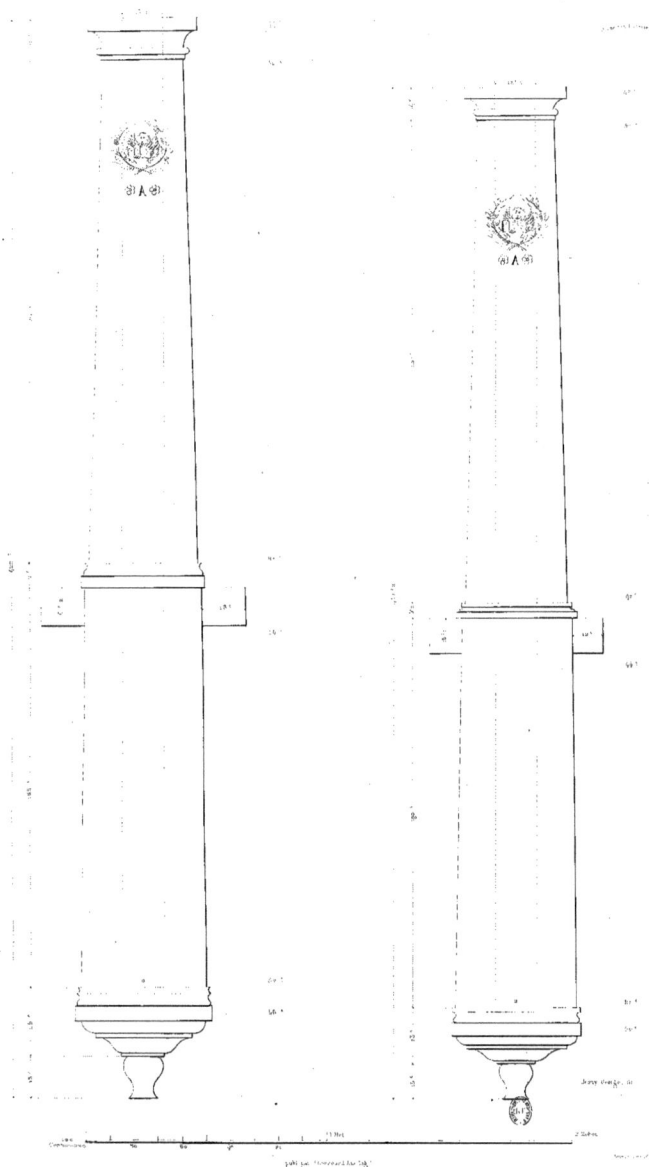

Canon Prussien

DÉTAIL DU CANON DE 1705

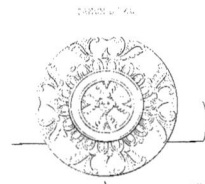

Anciens Canons

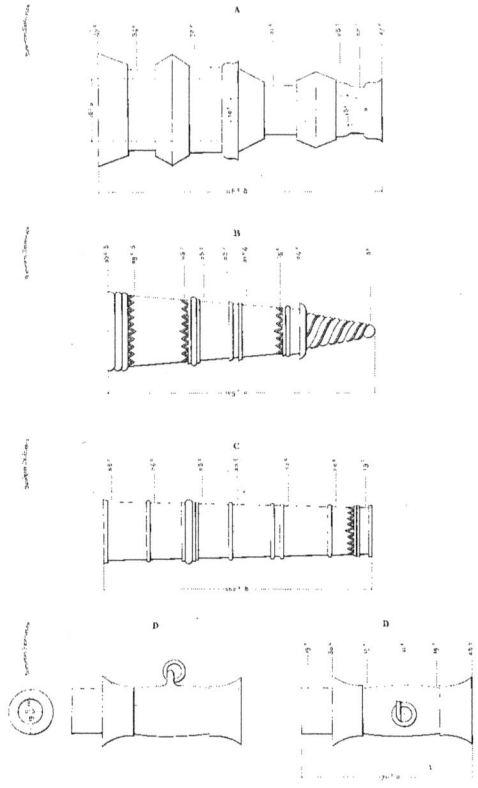

Anciens Canons

A CHASSE

Canons Vénitiens

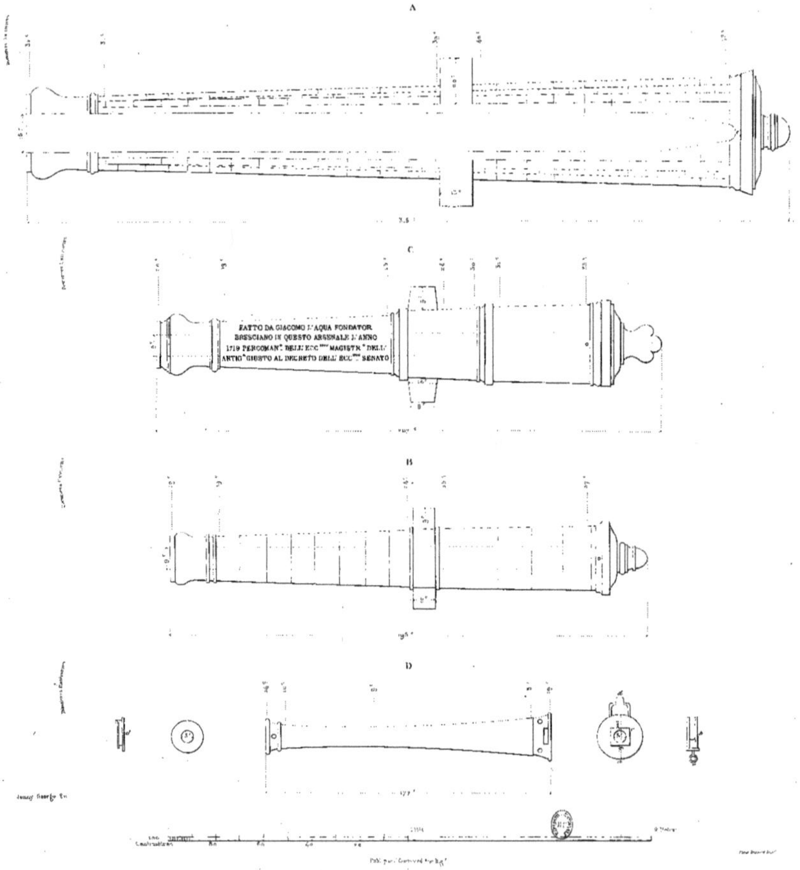

Pl. 59

A

C

FATTO DA GIACOMO D'AQUA FONDATOR
BRESCIANO IN QUESTO ARSENALE L'ANNO
1719 PERICOMANT DELLE E.C.mo MAGISTR.i DELL.
ANTIo GIUSTO AL DECRETO DELL SUL.mo SENATO

B

D

Canons Vénitiens

Pl. 49

A

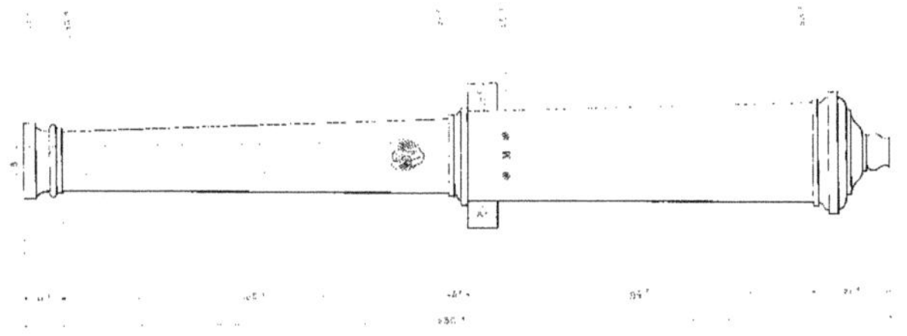

B

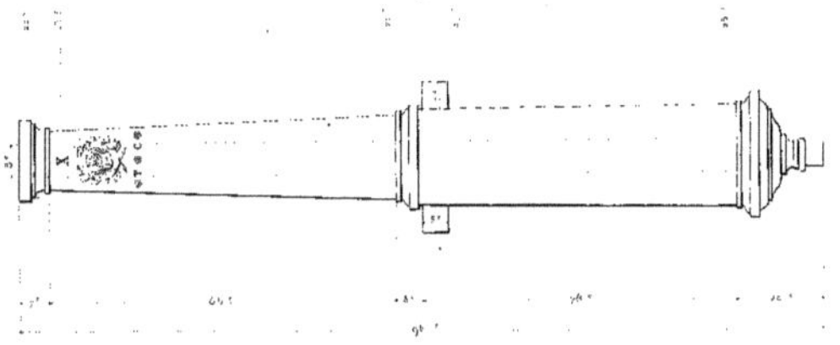

C

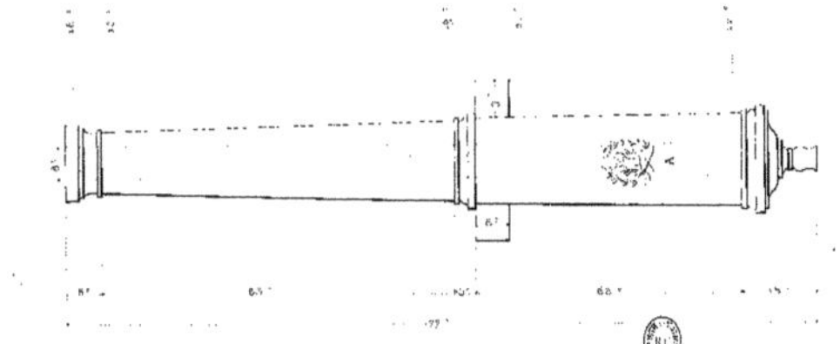

Canons Vénitiens

Pl. 41.

A

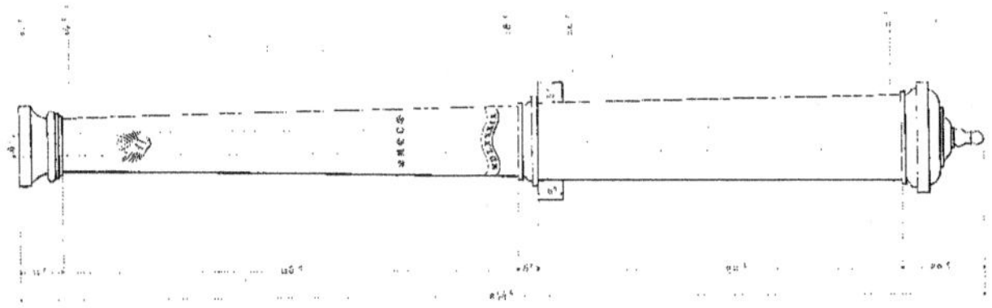

B

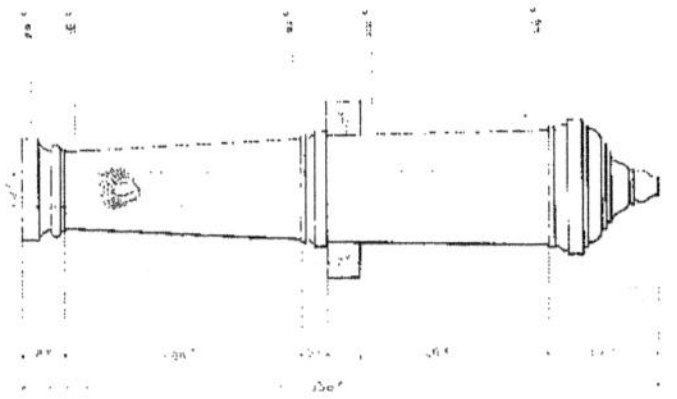

C

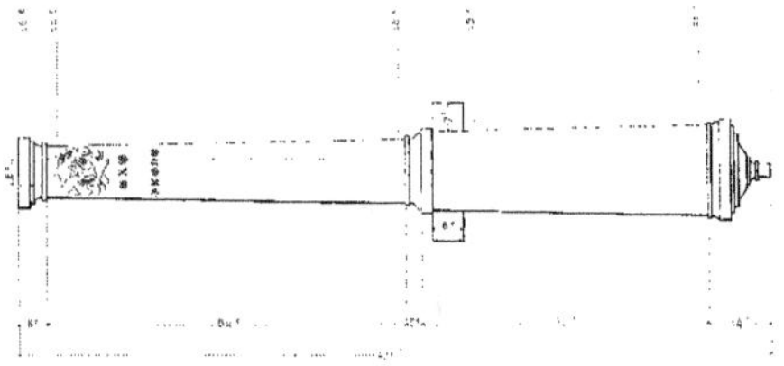

Pl. 42

Canons Vénitiens

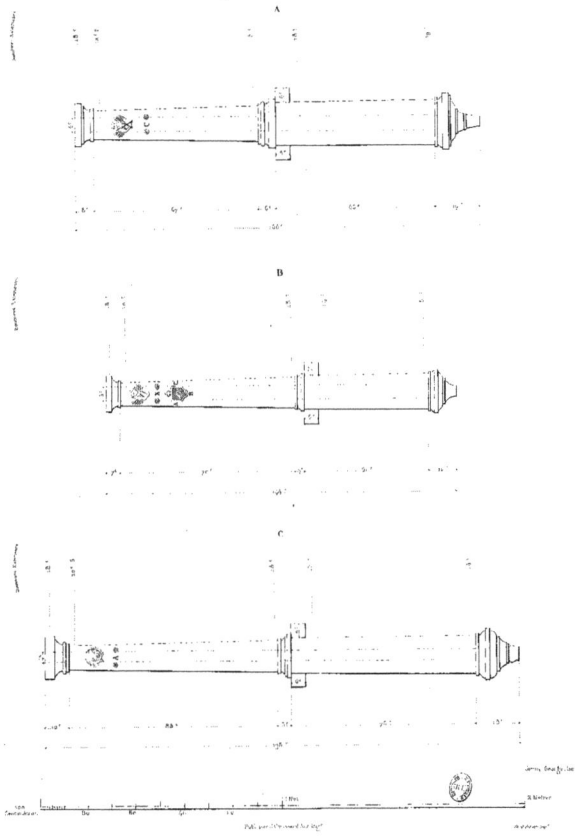

Canons Vénitiens

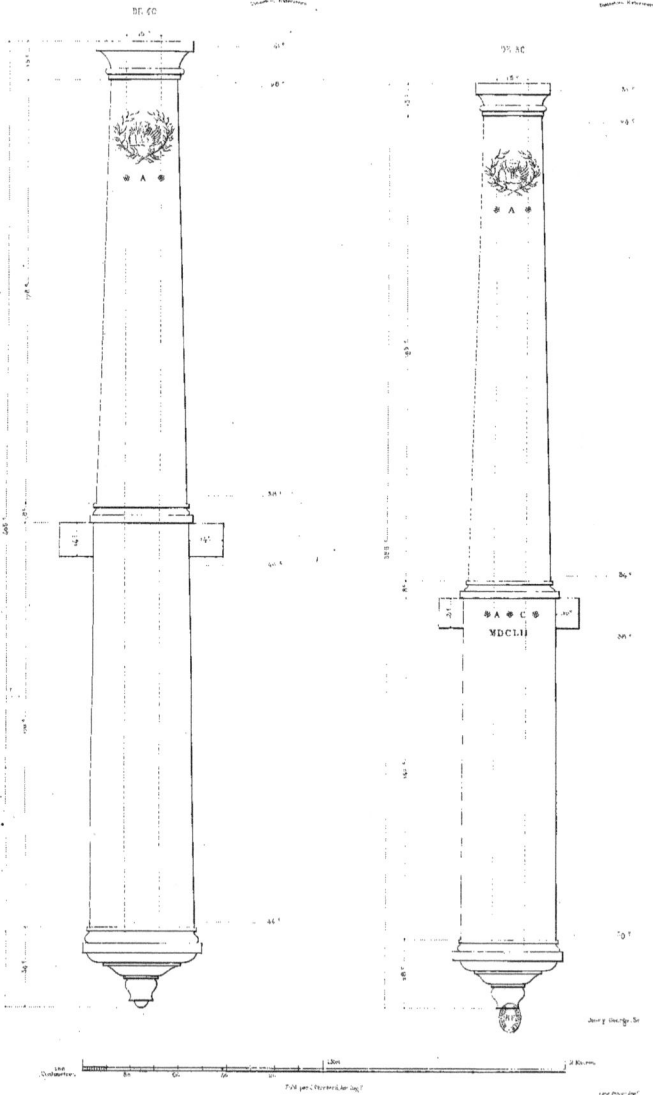

Canons Vénitiens

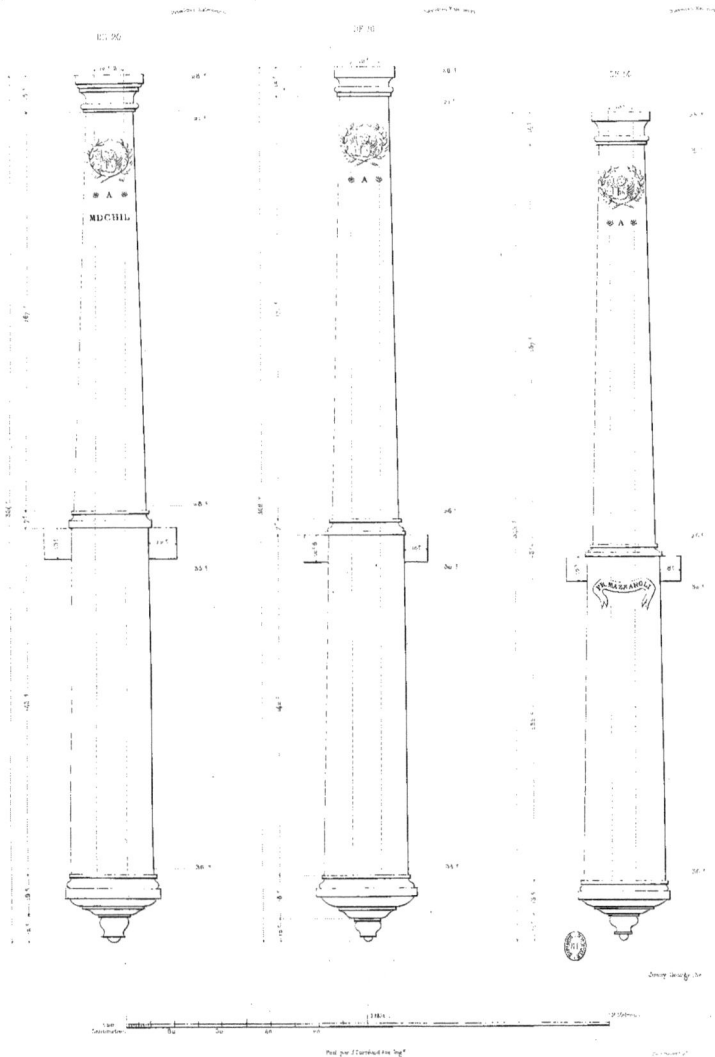

MUCHIL

SER. MAZZANOL

Canons Vénitiens

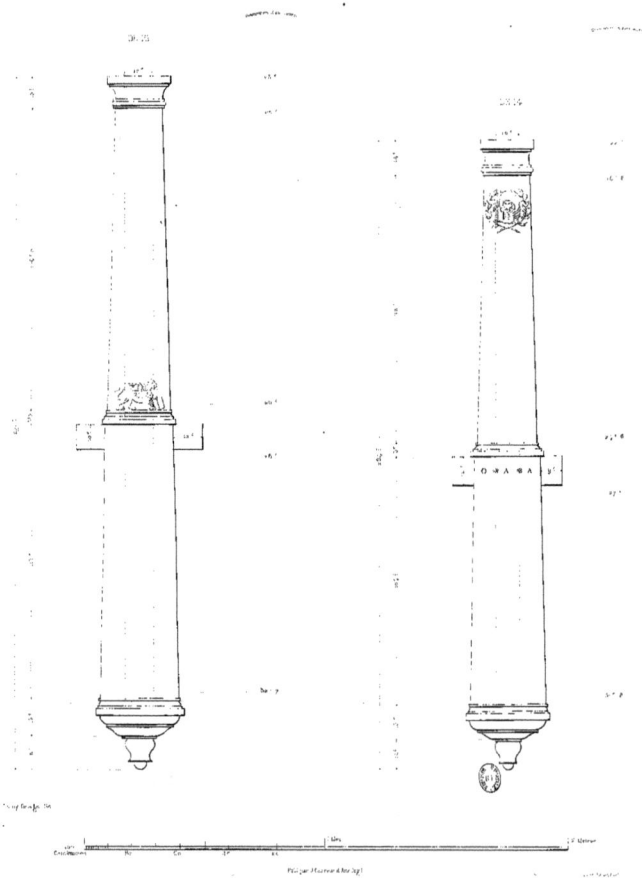

Canons Vénitiens

Pl. 46

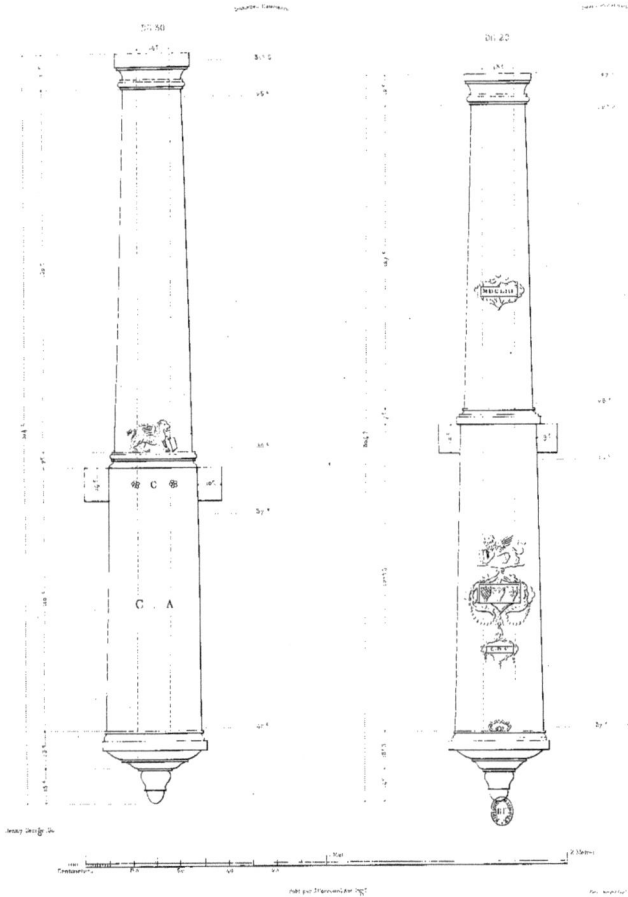

Canons Vénitiens

Pl. 47.

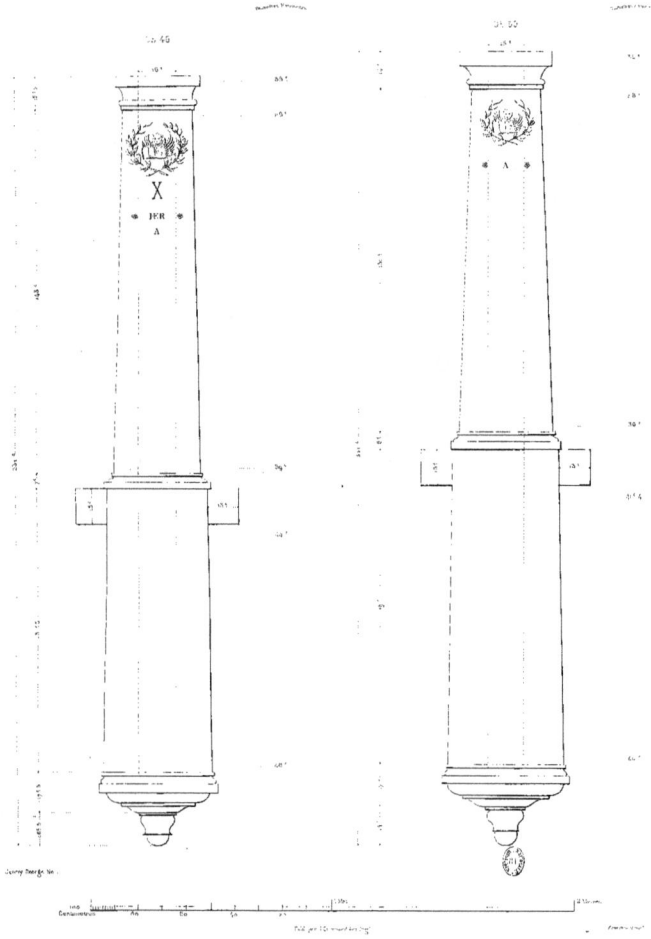

Canons français

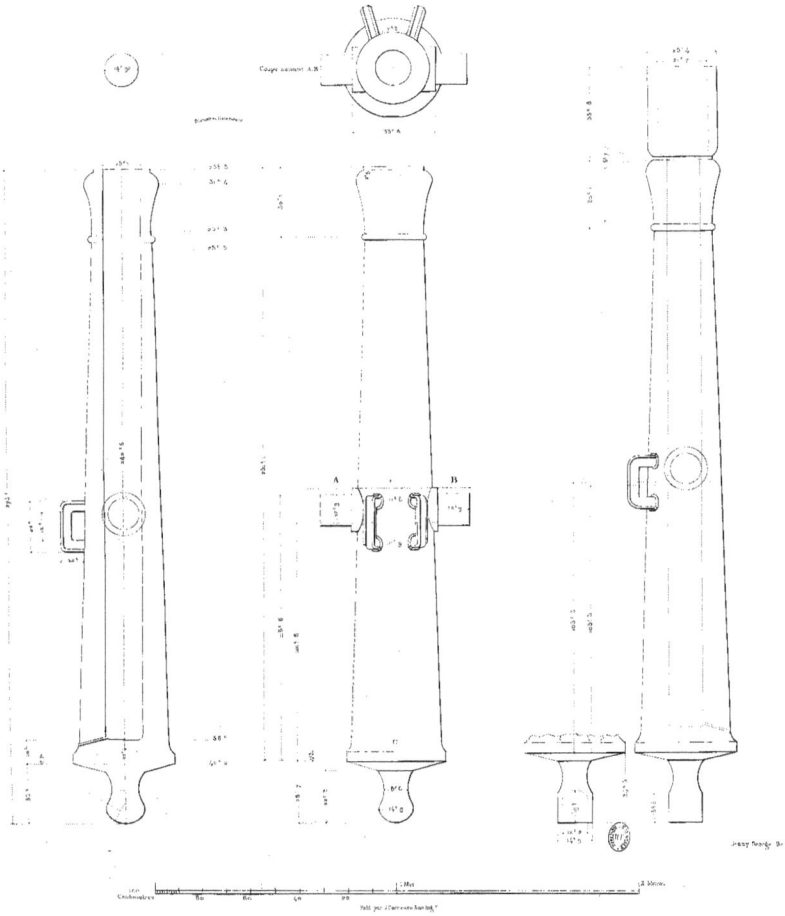

Coupe suivant A.B.

Pl 48.

Canons Vénitiens

A

B

Pl. 59.

Canon Vénitien

MUSÉE D'ARTILLERIE

Canons Vénitiens

Pl. 52

Canons Vénitiens

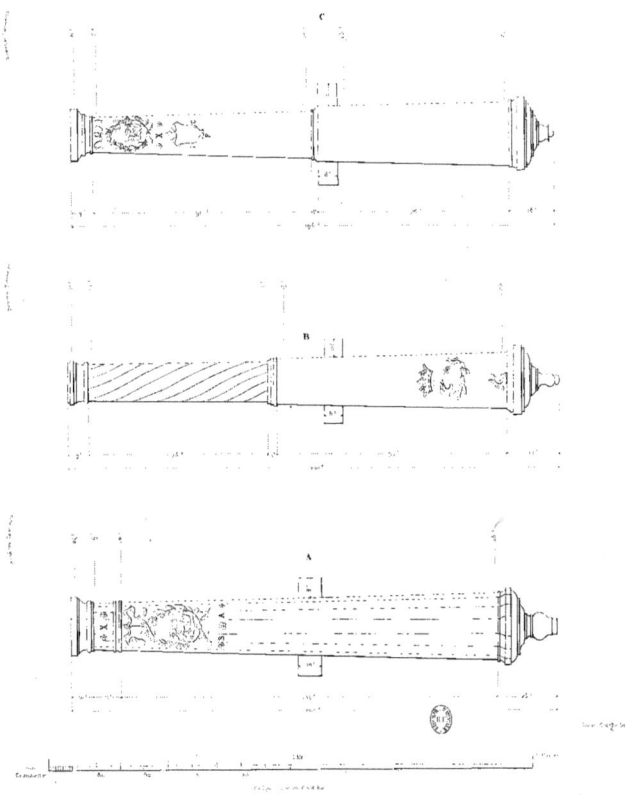

Pl 57

Canons Vénitiens

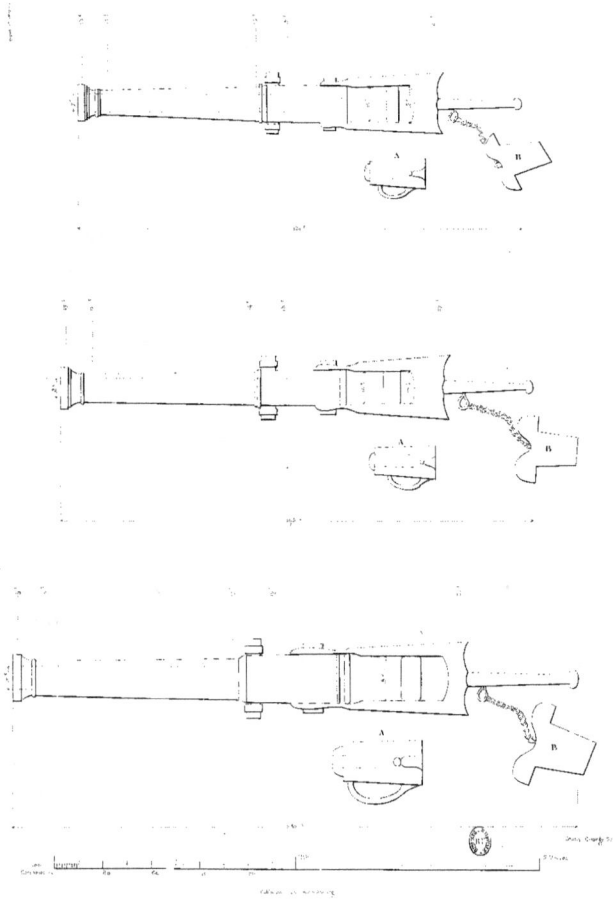

Pl. 54

Canons Vénitiens

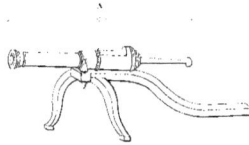

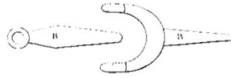

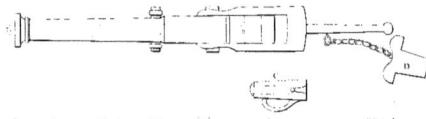

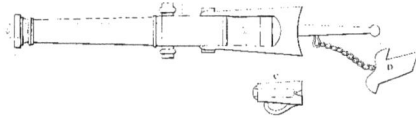

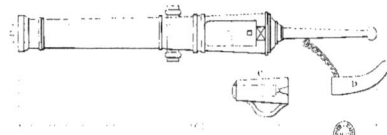

Pl. 36

Canons Vénitiens

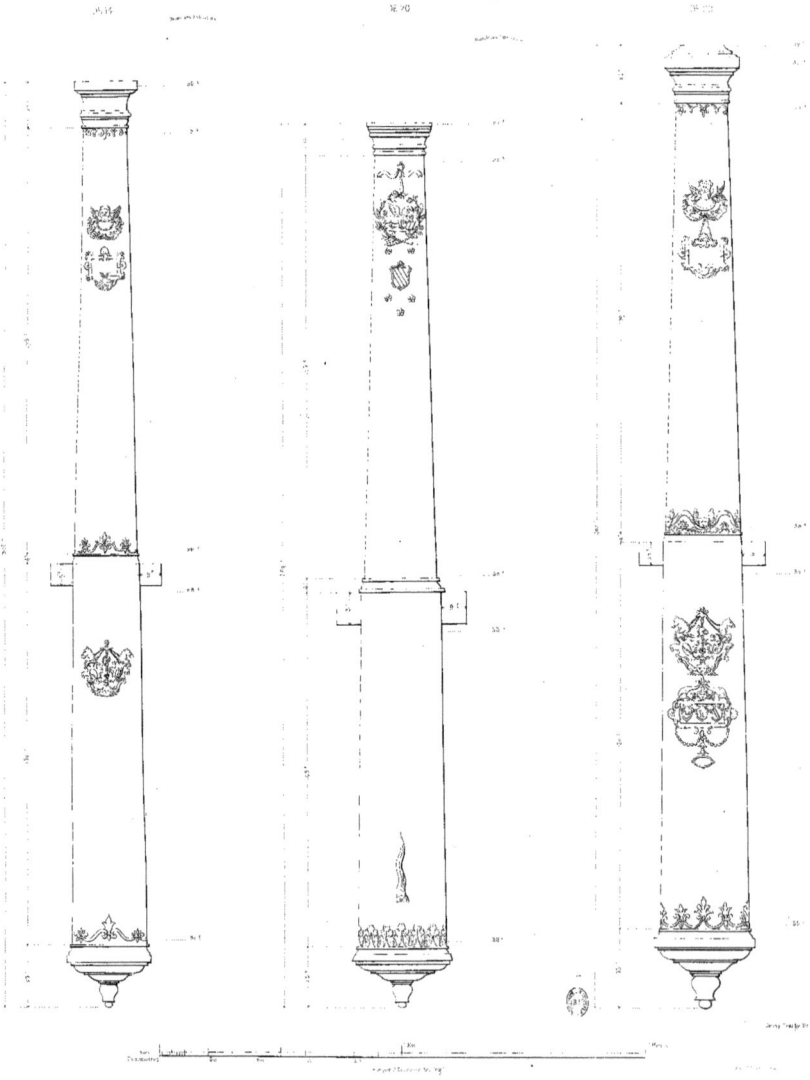

Pl. 56.

Canon Vénitien

Pl. X

Canon Vénitien

Pl. 38.

Canons Vénitiens

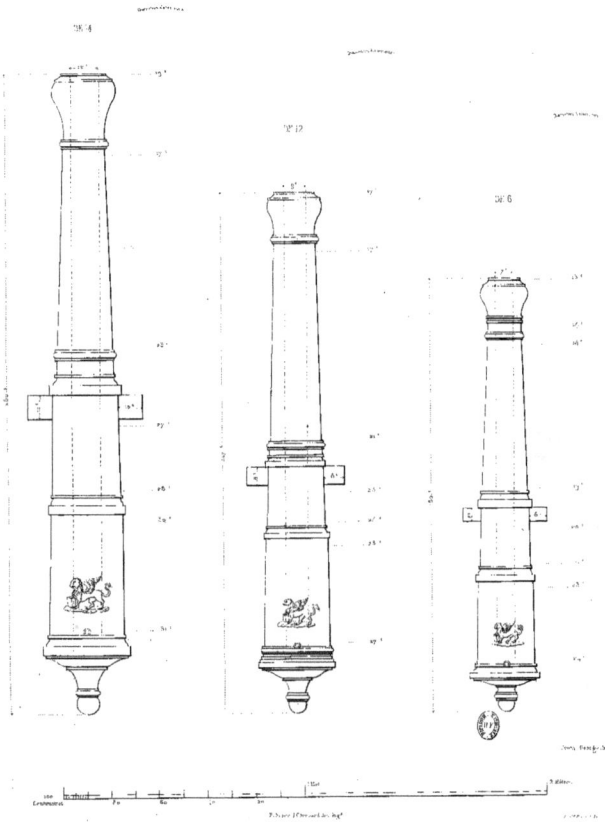

N° 4

N° 12

N° 6

Canons Vénitiens

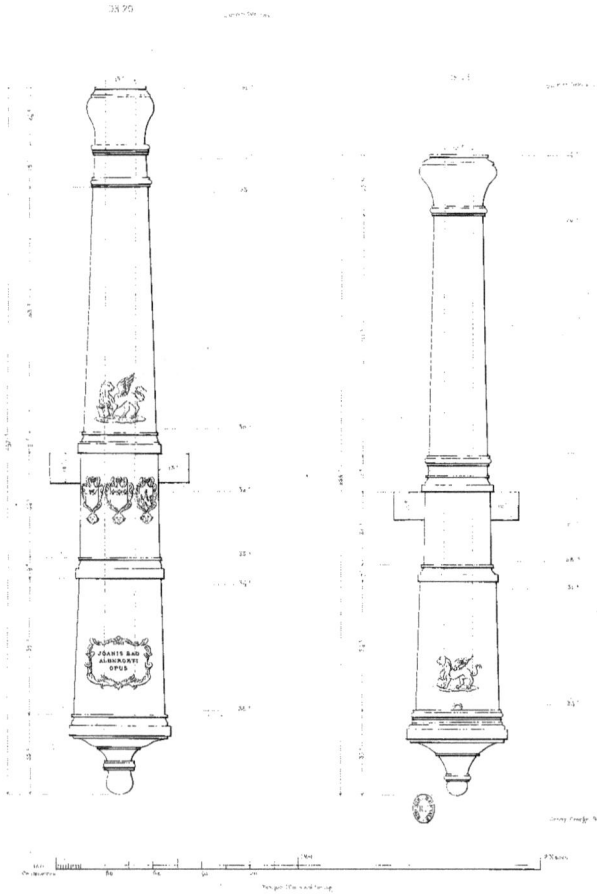

JOANIS BAP
ALBERGHETI
OPUS

Pl 60.

Canons Vénitiens

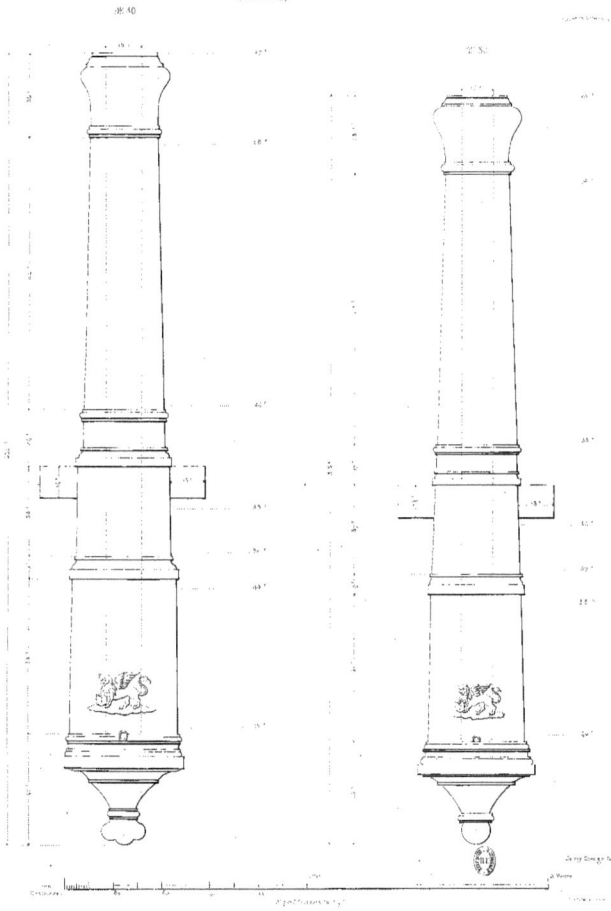

Pl. 61.

Canons Vénitiens

Canons Vénitiens

A

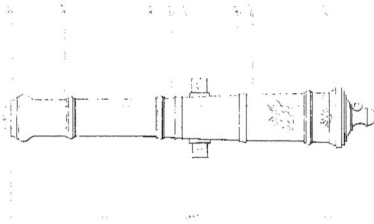

B

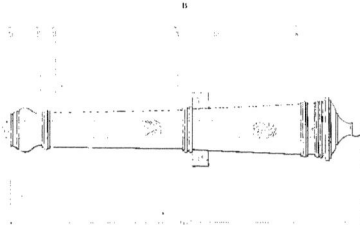

C

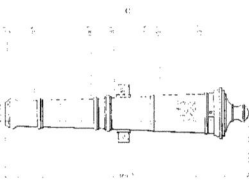

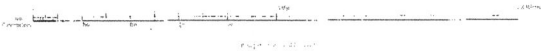

Pl. 65.

Canon Indien

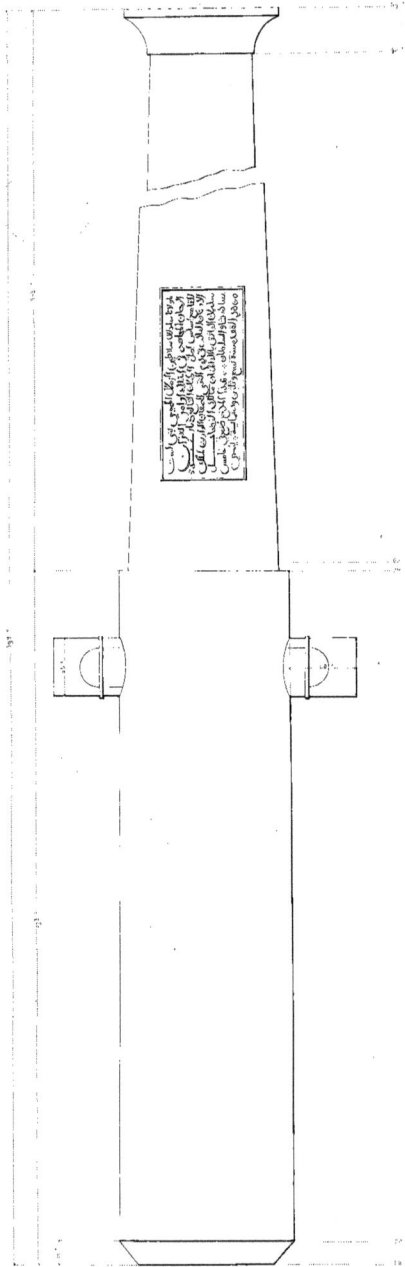

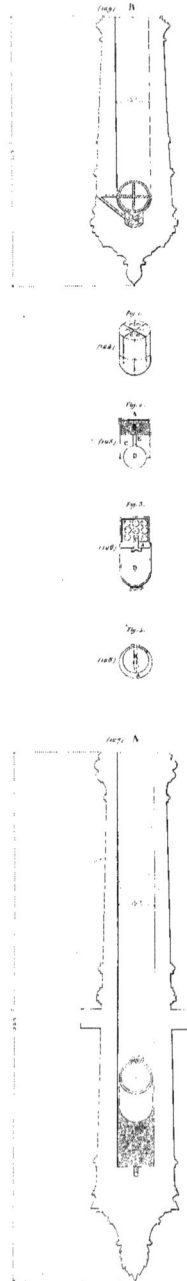

Canons à Grenades

Pl. 64.

Canon Hollandais

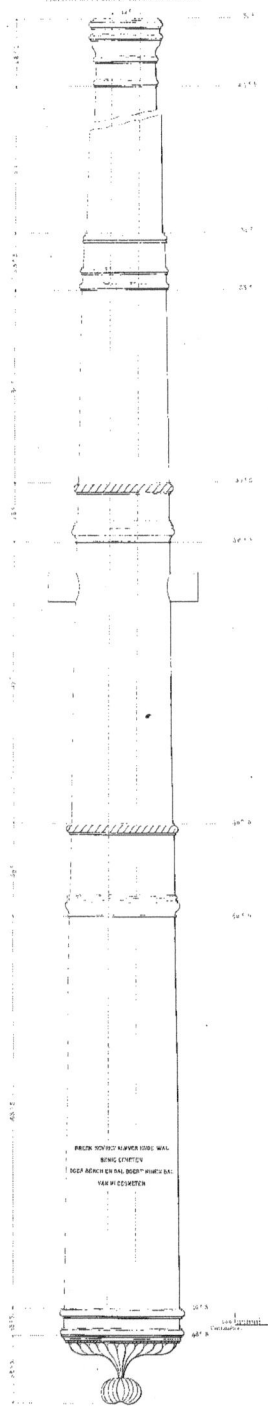

Canon Prussien

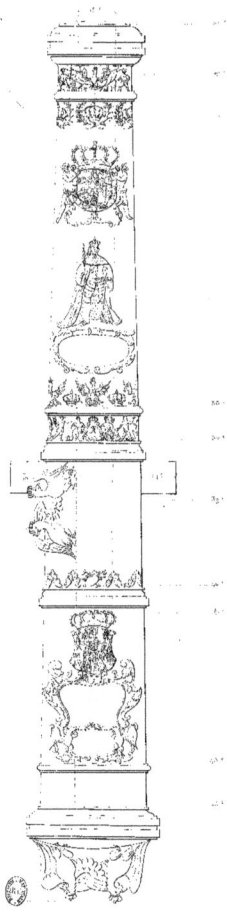

Canons Algériens

Pl. 85.

Canons Suédois

B   A   E   F   C

D   G

BENT. OLOFSON
1559

Pl. 6.

Canons Suédois

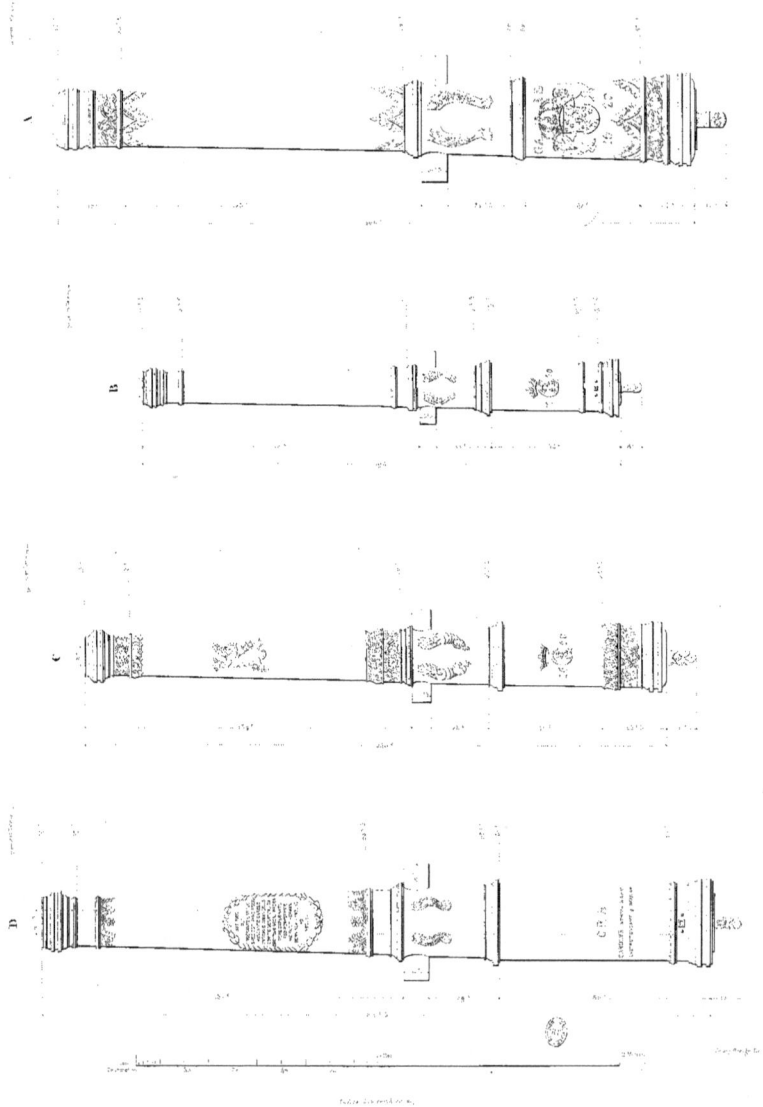

Pl. 68.

Canons Suédois

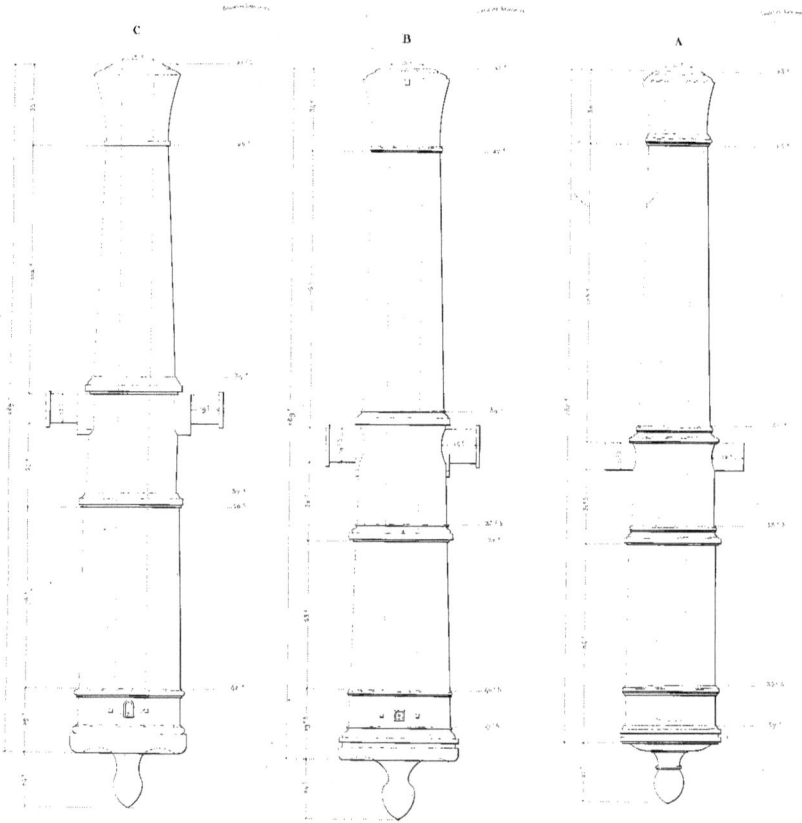

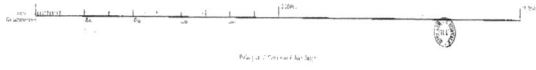

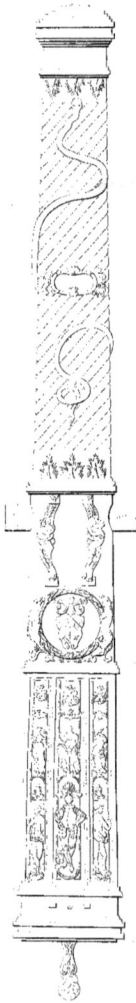

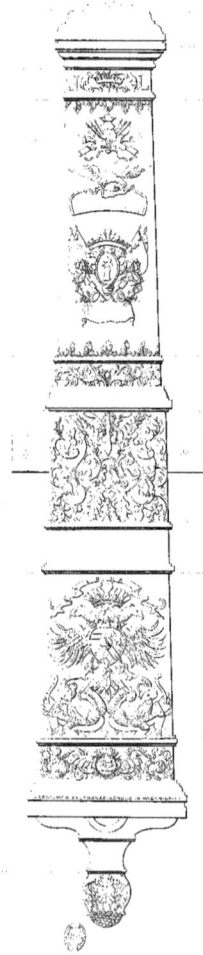

Canon Vénitien

Canons

FRANÇAIS

PRUSSIEN

SUÉDOIS

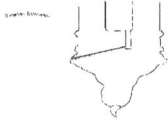

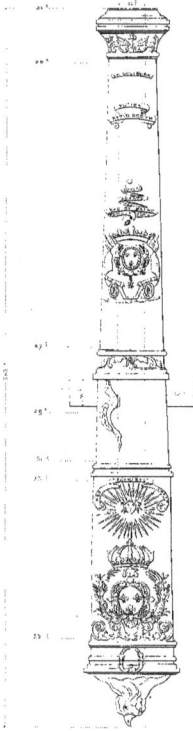

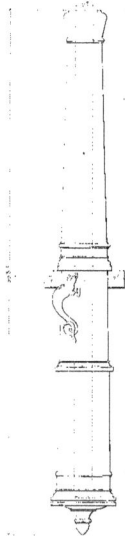

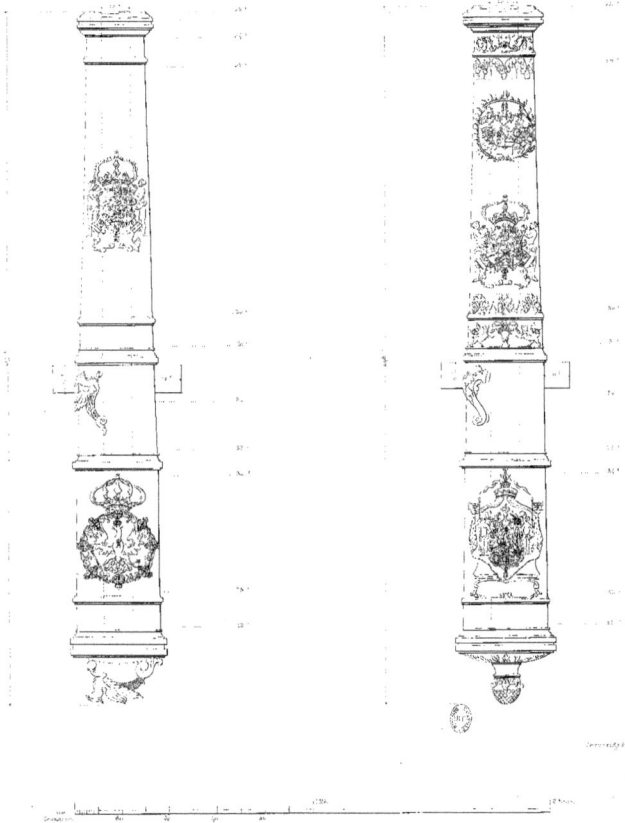

Pl. 25

Canons Prussiens

Pl. 74.

Canons et Coulevrine

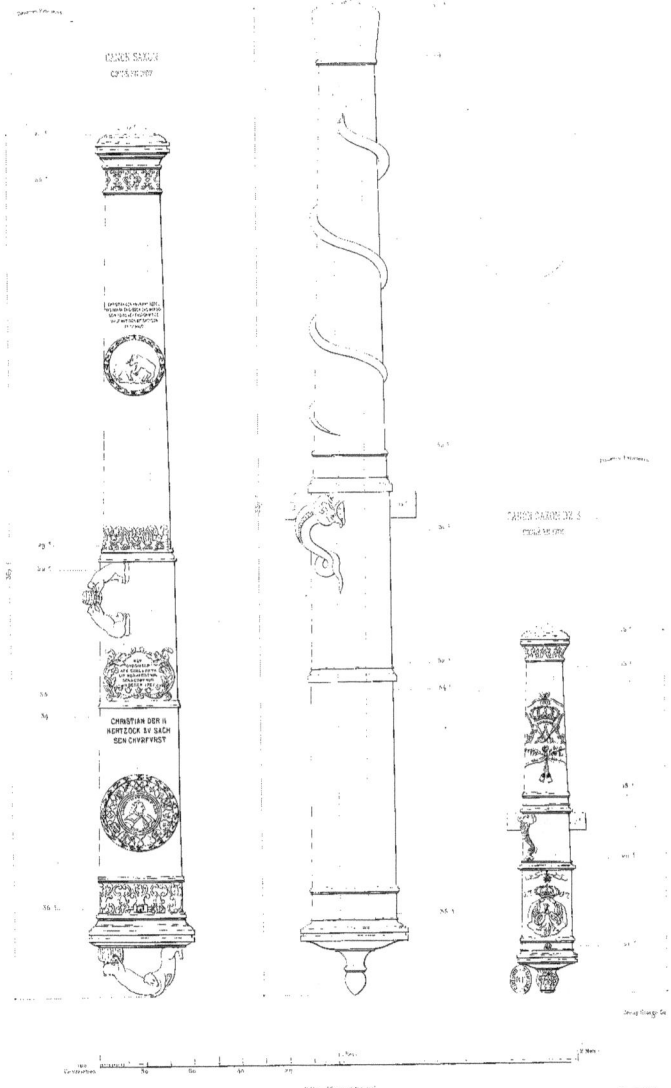

CHRISTIAN DER II
HERTZOGK ZV SACH
SEN CHVRFVRST

Pl. 73.

Canons

PRUSSIEN DE 10
COULÉ EN 1864

BAVAROIS DE 8
FONDU EN 1800

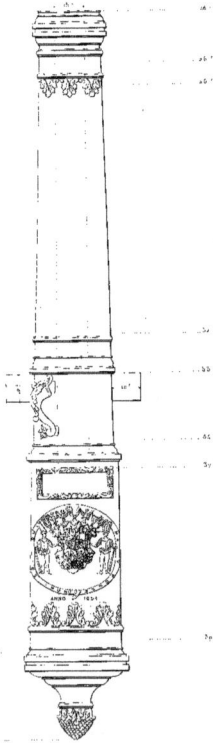

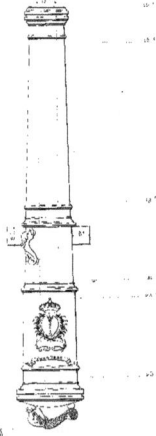

Canons et Couleuvrine

Couleuvrines et Canon

COULEUVRINES PRUSSIENNE

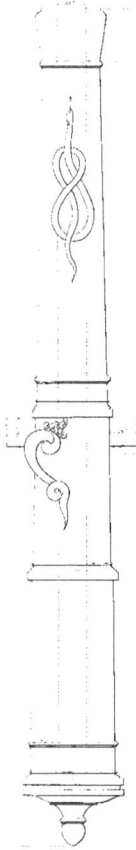

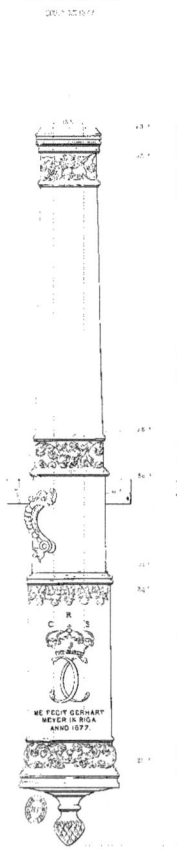

COULEUVRINE POLONAISE
COULÉE EN 1526

CANON SUÉDOIS EN 12
COULÉ EN 1677

ME FECIT GERHART
MEYER IN RIGA
ANNO 1677

Canons

SUÈDES N° 0
CULASSE N° 1

BRÉSIL N° 12
PIÈCE N° 2

SUÈDE N° 2
CULASSE N° 3

ANNO 1661

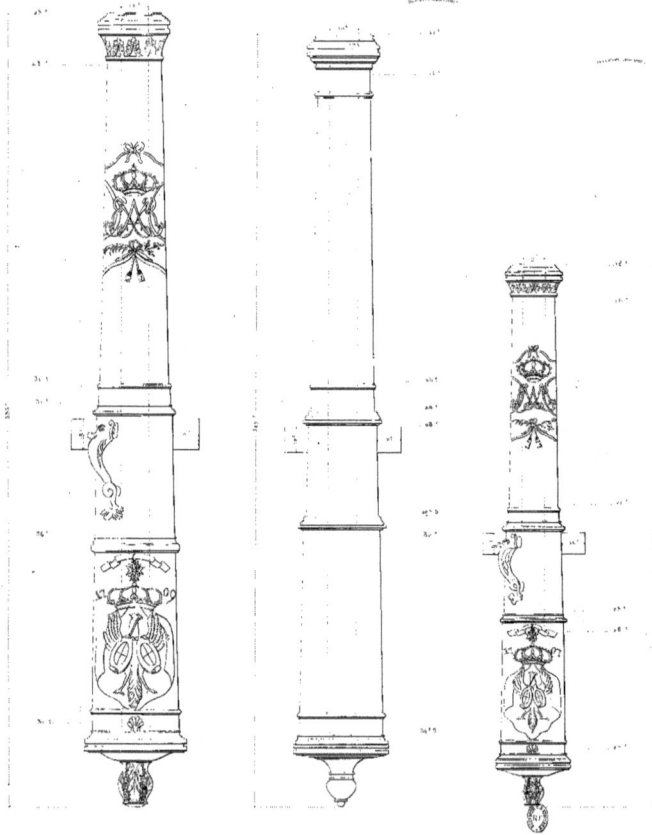

Canons

Pl. 79

Pl. 89.

Canons Turcs

Pl. 90.

Canons

Pl. 60 b

Canons Français
DE FRANÇOIS Iᵉ

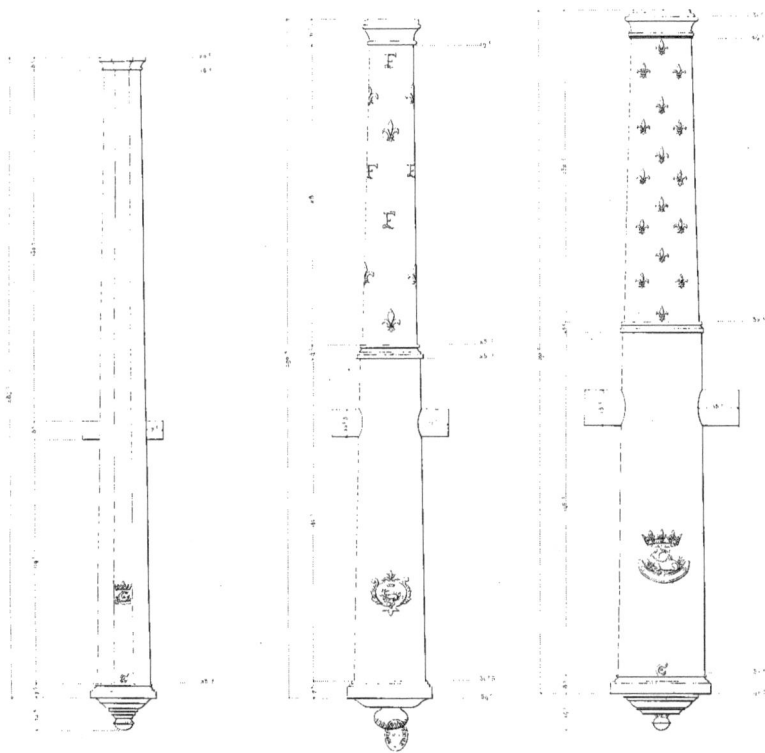

Canons et Couleuvrines

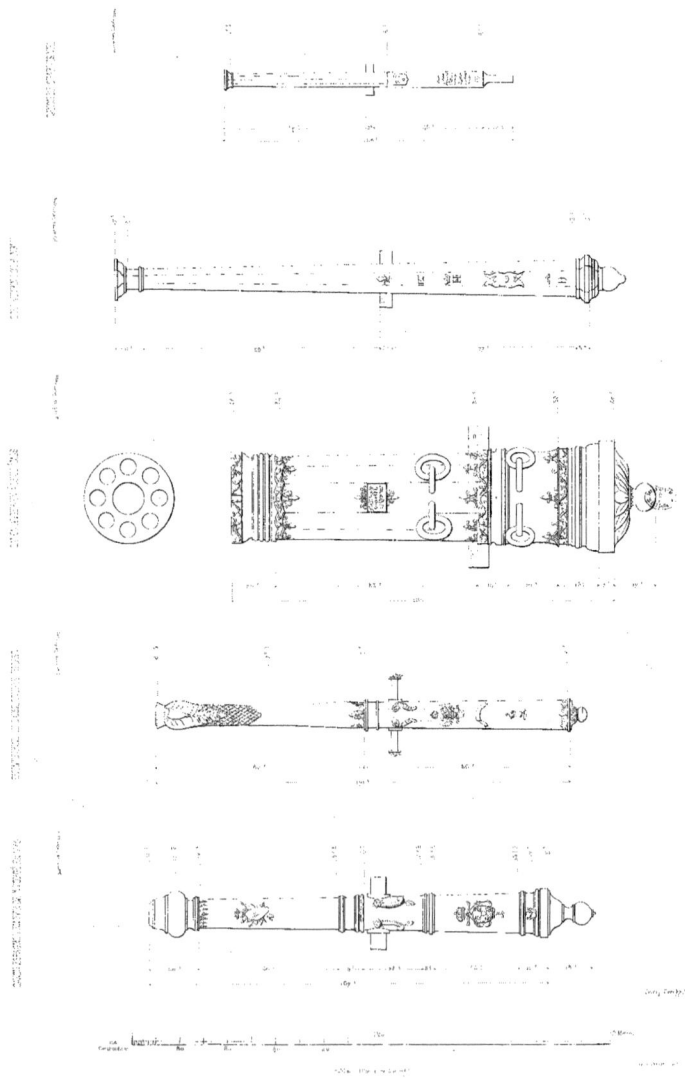

Canons Français de 12.

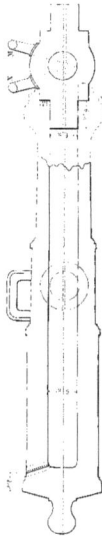

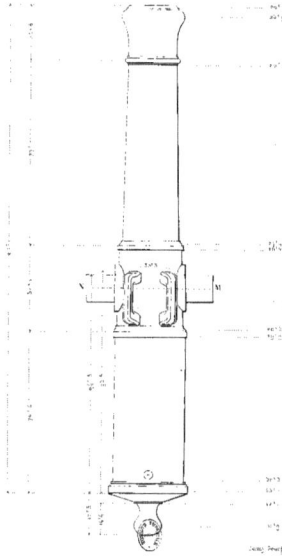

Canons de 12

Pl. 80 ᵉ

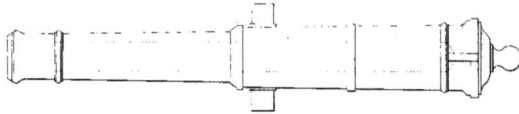

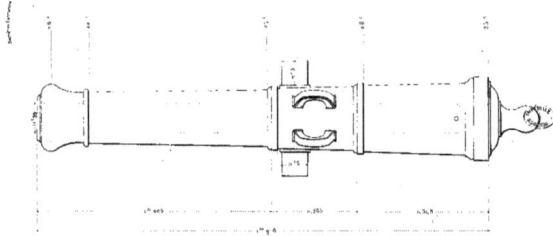

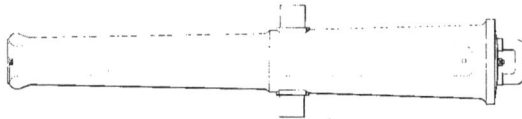

Canon Obusier de 12

Pl. 80.

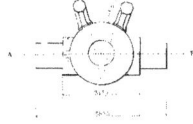

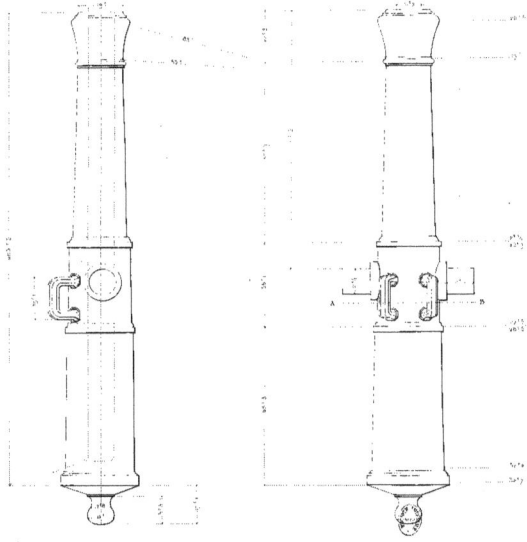

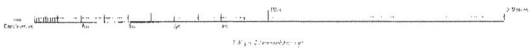

Pl. 80

Canon Autrichien de 1.

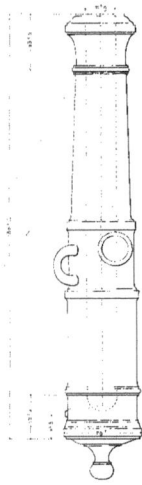

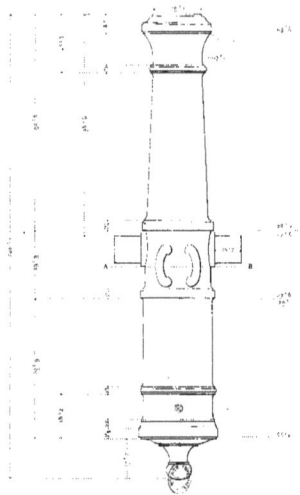

Pl. 80.

Canon_Prussien de 12.

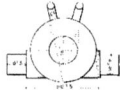

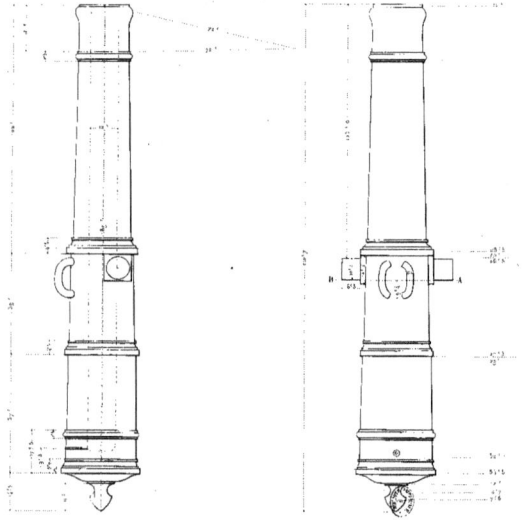

Canons

DE PASSE-VOLANT DE 6

PIÈCES DE 12

OBUSIER DE 16

OBUSIER DE 8

ESPAGNOL DE 12

PIÈCES EN FER.

Bombarde de Gand.

Canon d'Édimbourg.

Pièce du Mont S' Michel.

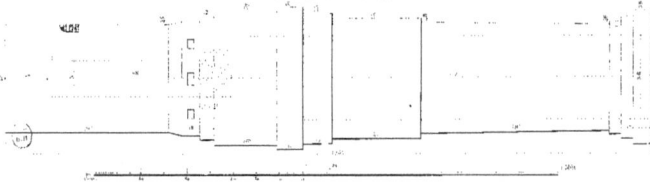

Bombarde de Tunis XI.

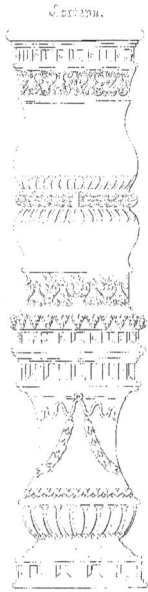

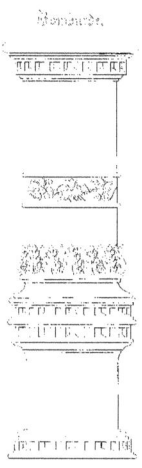

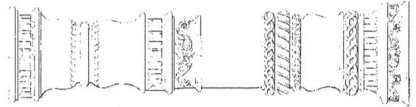

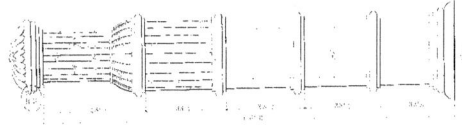

Stein-stück.

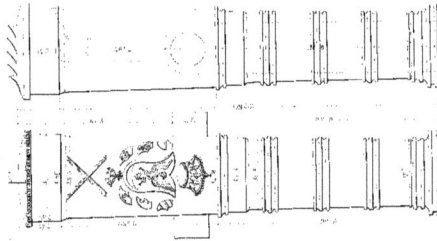

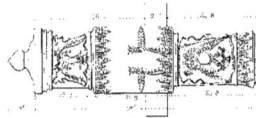

Obusier Russe
N° 12

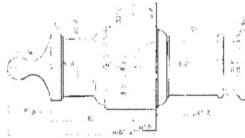

Obusier Anglo-Hollandais.

Obusier Russe
N° 3 12

Bombarde de Moscou.

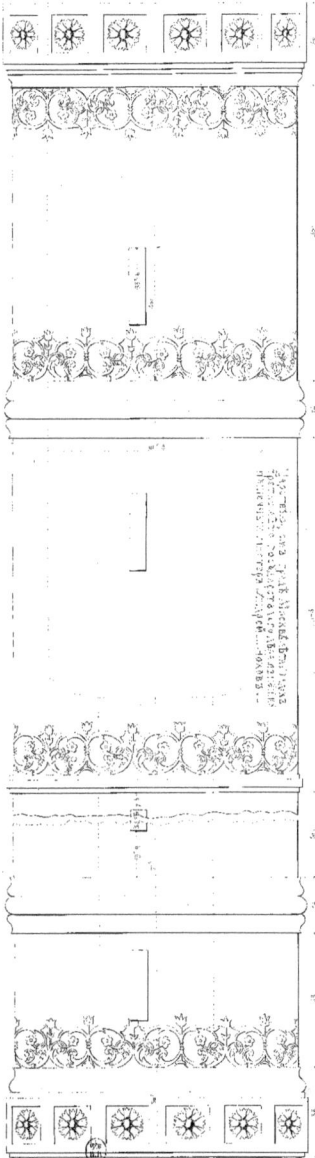

Bombarde d'Agra.

Pl. 66

Obusier Italien.

Feuer-Katzen

Obusier Florentin

Chaté fm

Obusier Vénitien

Pl 86

Canon-Obusier.

Pl. 87

Obusier français

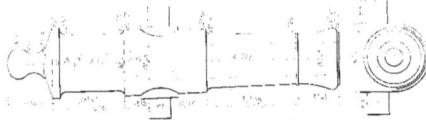

Obusier prussien

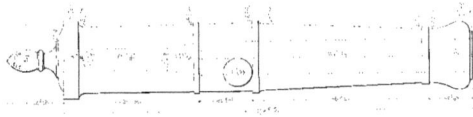

Obusier Canon de 24

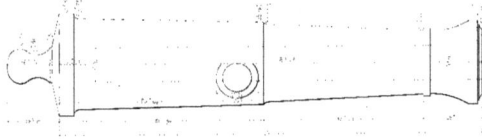

Obusier proposé par Mr. Wacroi

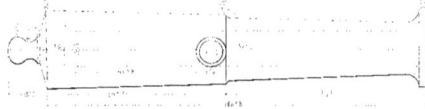

Obusier français

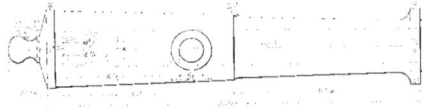

Obusier long mis en expérience à Mayence en 1826

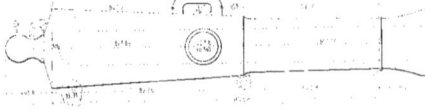

Obusier prussien

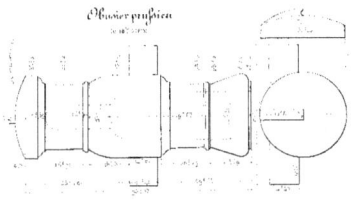

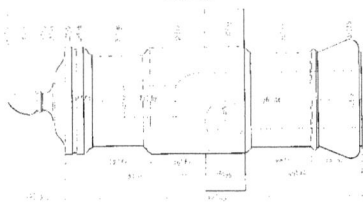

Obusier vénitien

Obusier prussien

Obusier autrichien

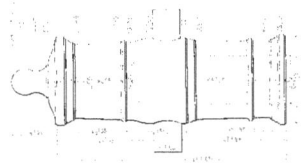

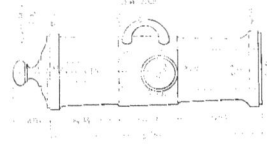

Obusier hollandais de 1708

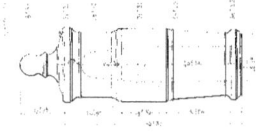

Obusier Gribeauval de 6

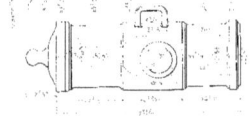

Carronade française

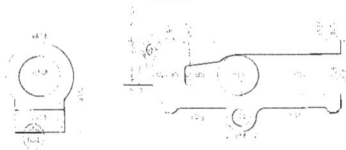

Modèle du Prussien

 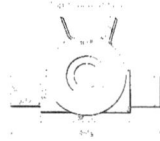

Modèle Moritz en 1814

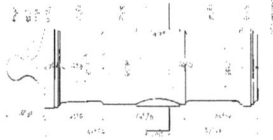 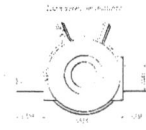

Modèle Gluty, en Espagne.

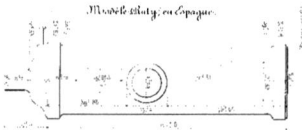

Proposé pour le système de l'an XI.

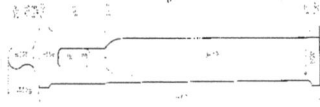

Adopté le 2 Mai 1808.

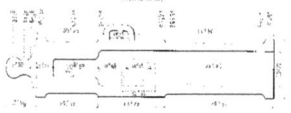

Modèle Allix en Westphalie.

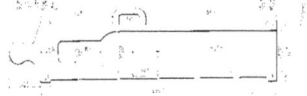

Proposé par le Comité D'Artillerie en 1811.

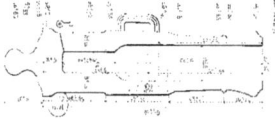

Consomption de Bois à Paris.

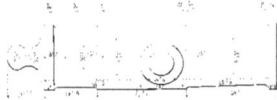

Obusiers dits Villantroys.

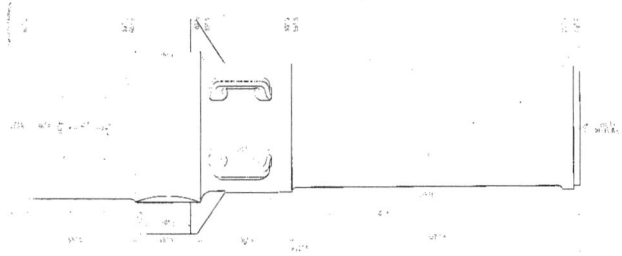

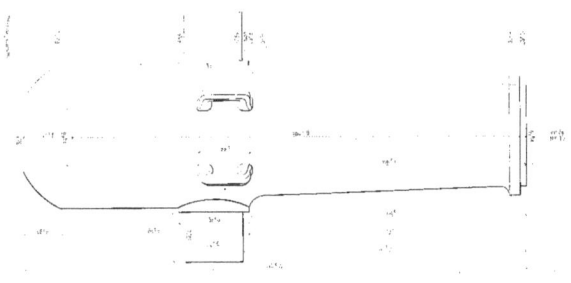

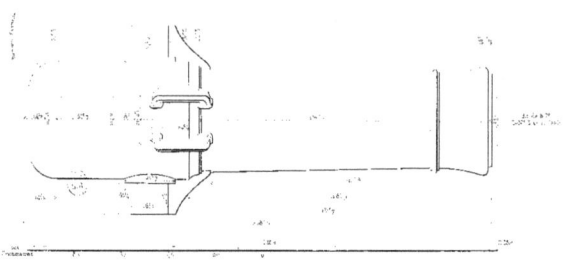

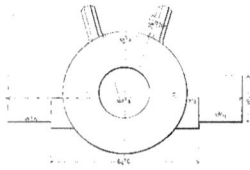

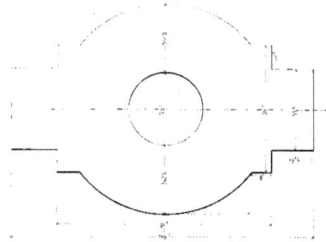

Obusier en Bronze.

Obusiers en Fer.

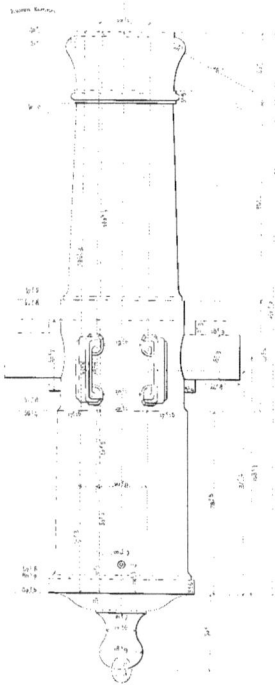

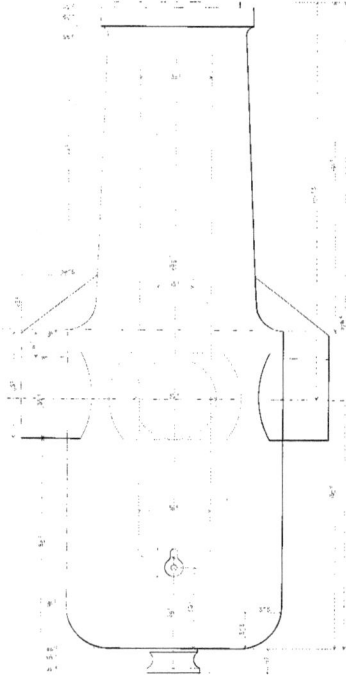

Canons à Bombes,

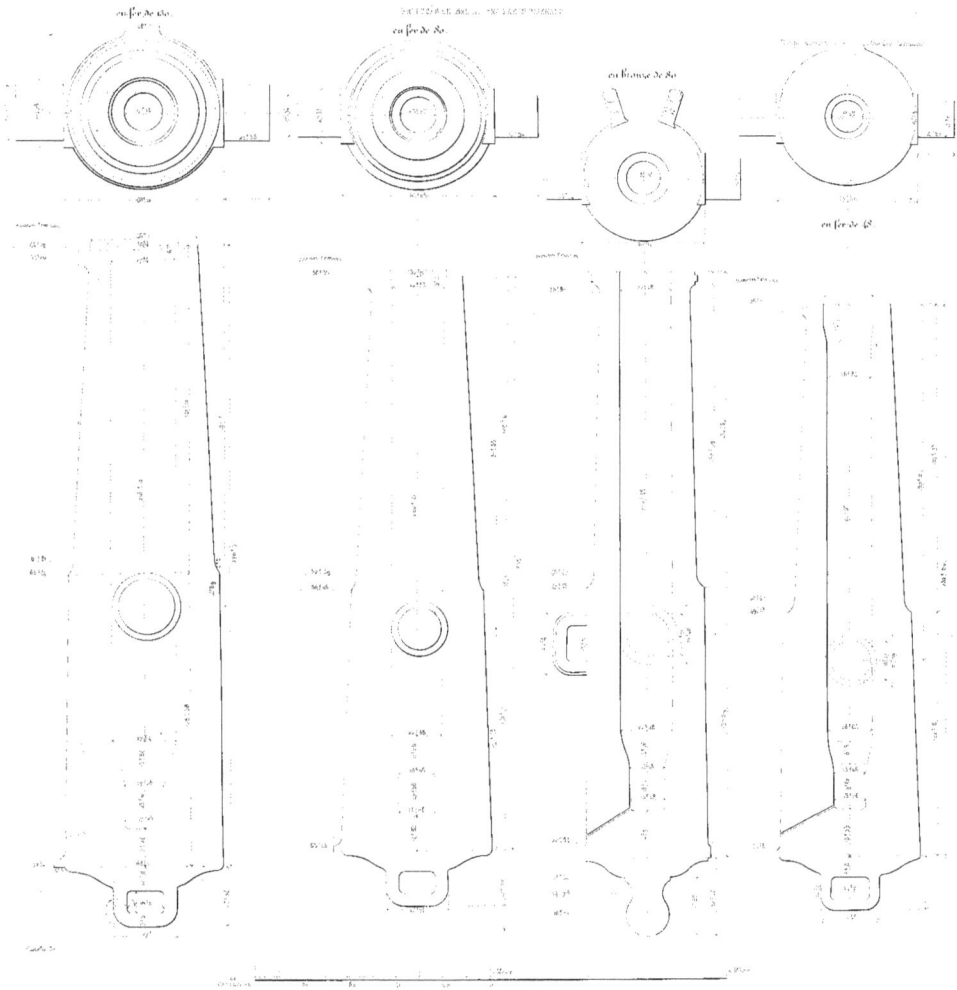

Canons.

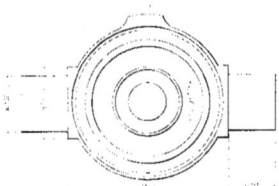

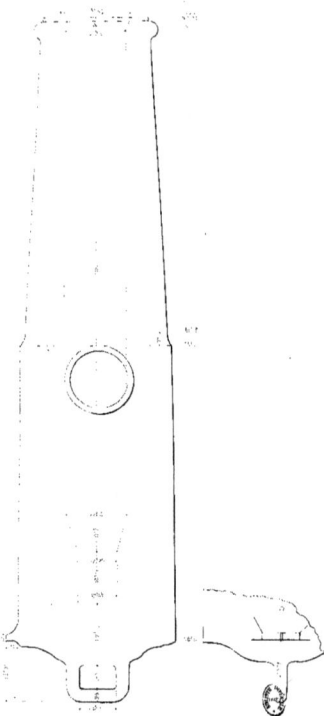

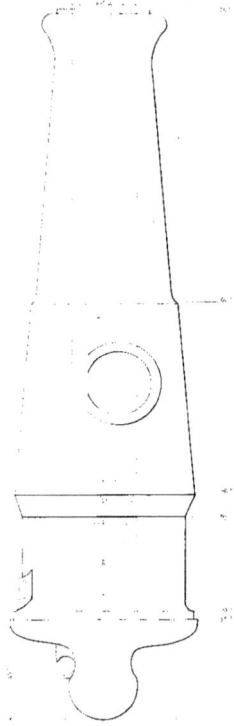

Pl. 24.

Obusiers

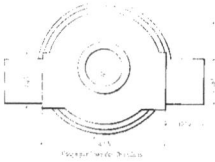

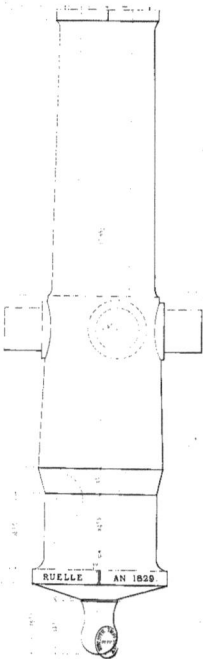

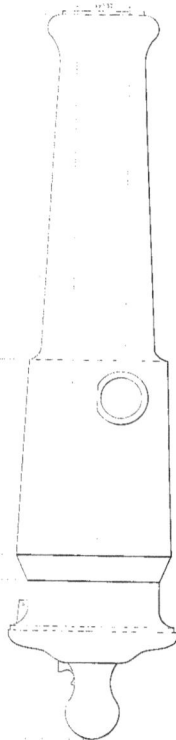

RUELLE   AN 1829

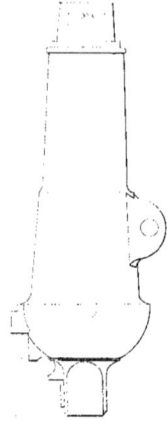

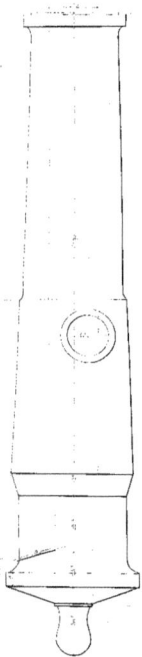

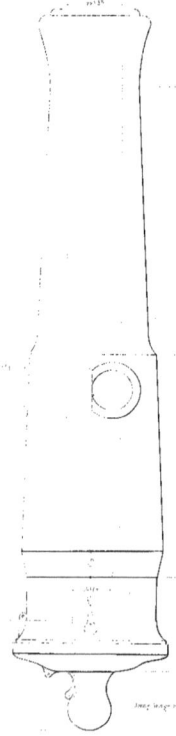

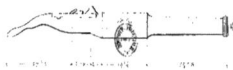

Pl. 55

Caronades & Obusiers

Obusiers

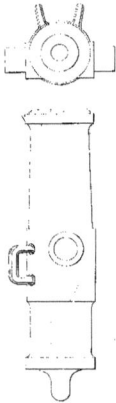

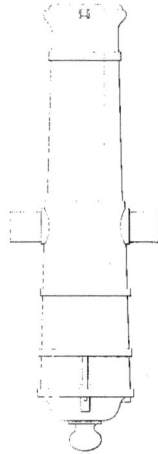

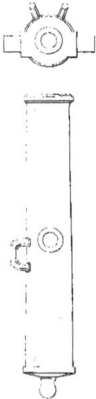

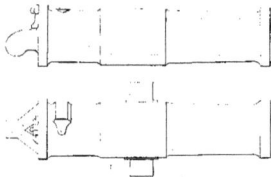

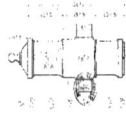

Pl.98.

Obusiers

ANGLAIS   HOLLANDAIS   SUÉDOIS

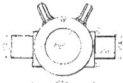

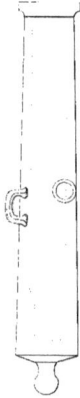

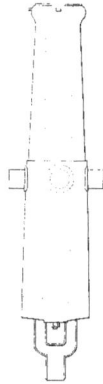

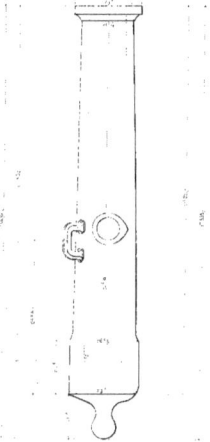

PRUSSIEN

SUISSE

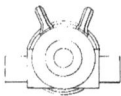

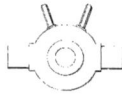

HOLLANDAIS

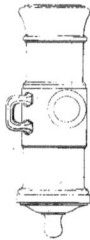

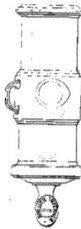

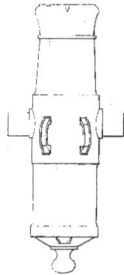

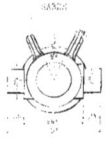

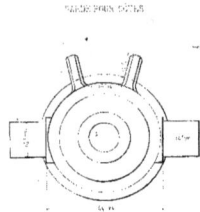

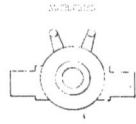

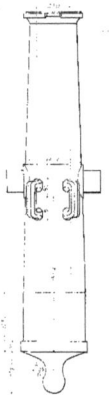

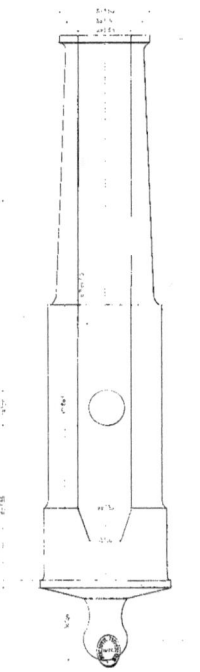

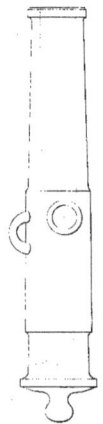

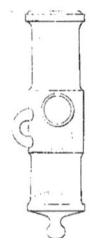

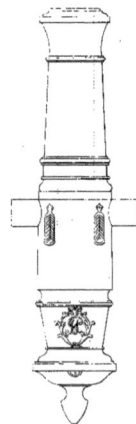

Pl. 140.

Chasseurs

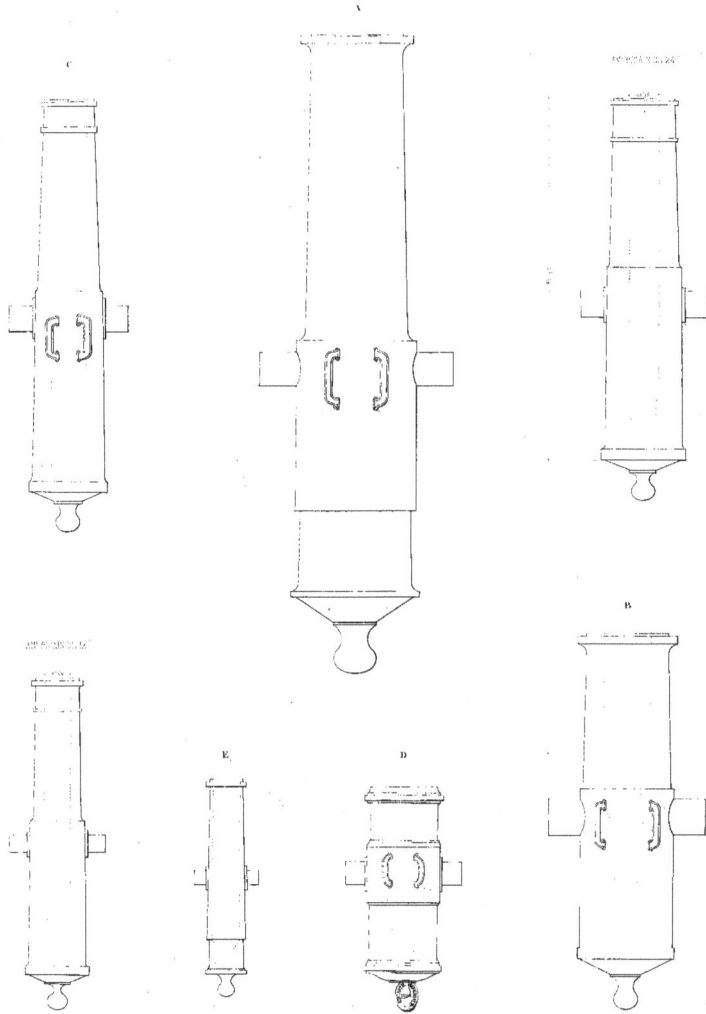

Bombarde

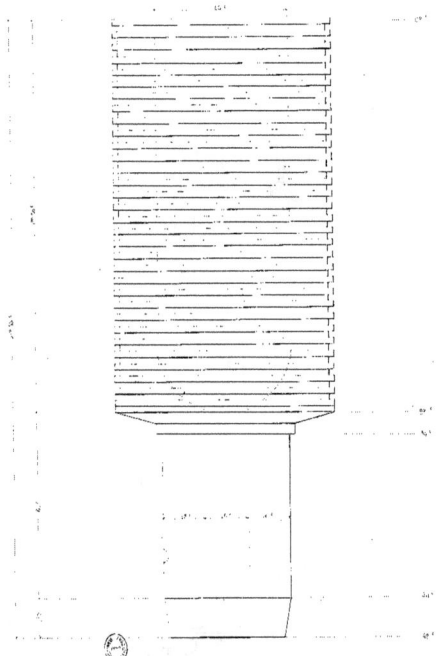

Pl. 102.

Mortiers

Pl 103.

Mortiers

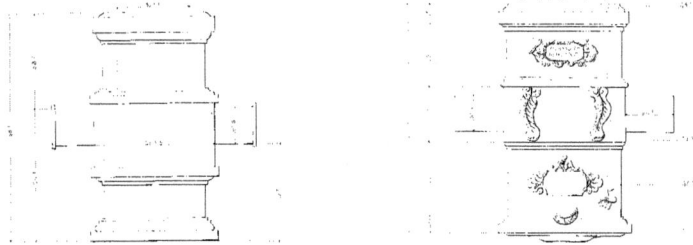

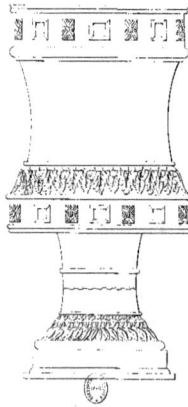

Mortiers

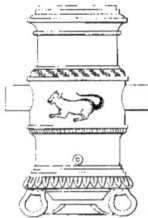

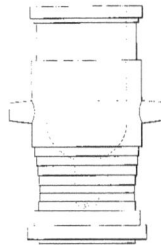

Pl. 10.

Mortiers

A

B

C

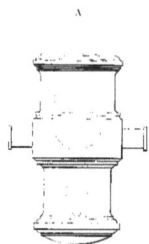

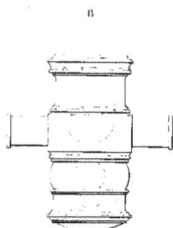

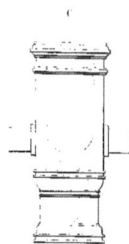

E

D

F

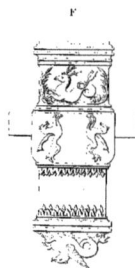

H

G

J

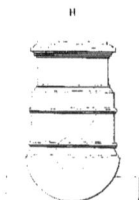

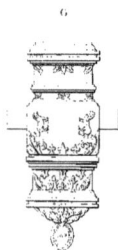

Mortiers Vénitiens

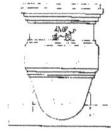

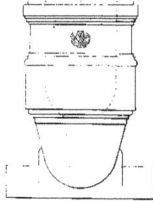

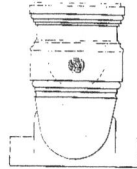

Mortiers Vénitiens

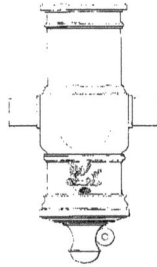

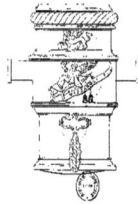

EXEMPLE DES MORTIERS À FEU
XVIe S.

Pl. 100

Mortiers Vénitiens

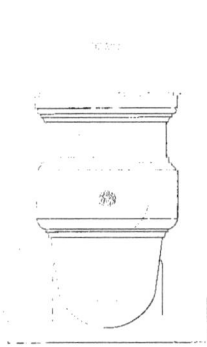

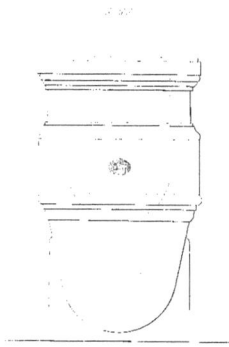

Pl.109.

Mortiers Vénitiens

MDCLXXXV

Mortiers Français

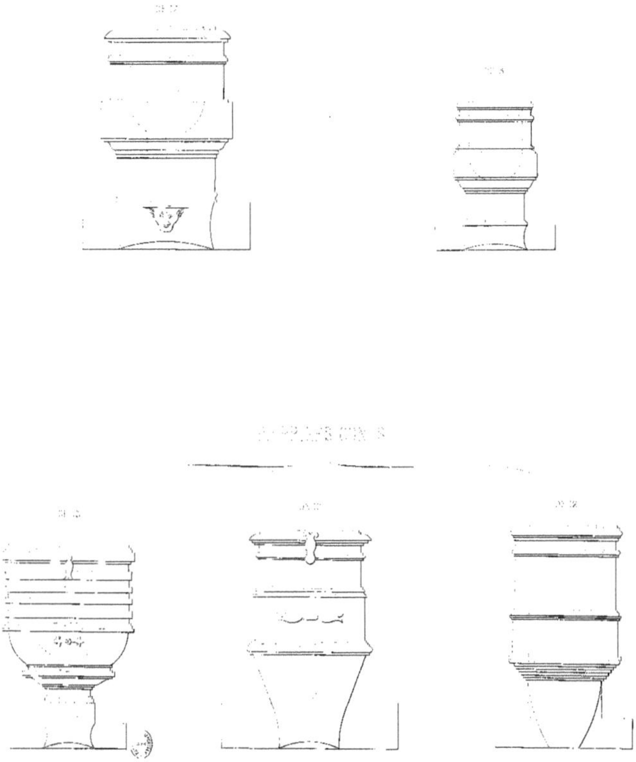

Pl. III.

Mortiers Français

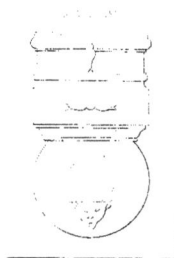

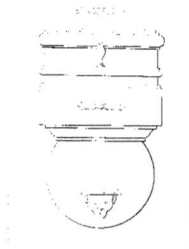

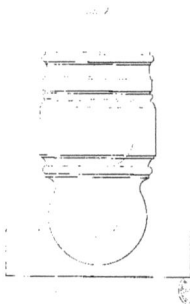

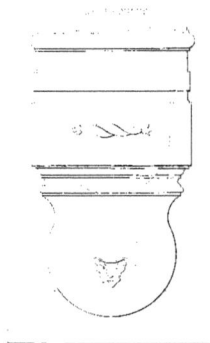

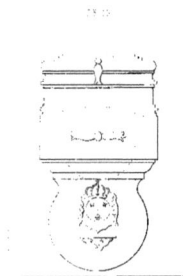

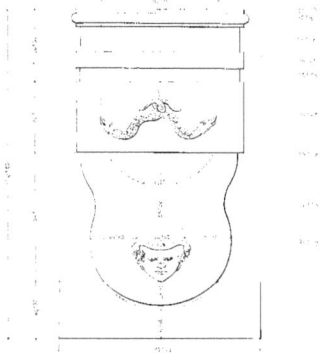

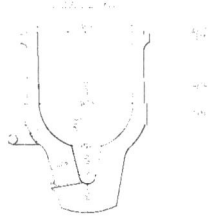

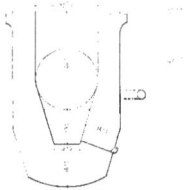

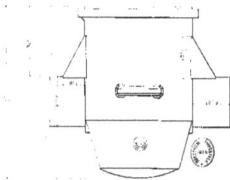

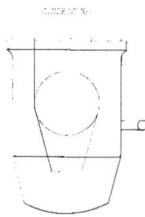

Mortiers Français

MORTIER DE L. 1834   MORTIER DE 151 1832

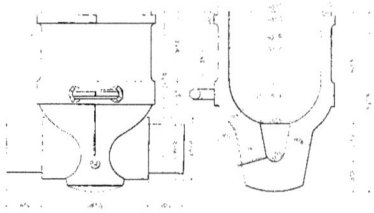
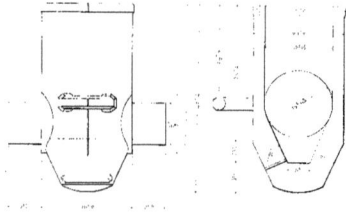

CYLINDRIQUES

MORTIER DE 32c DIT GRANDE PORTÉE   MORTIER DE 27c DIT PETITE PORTÉE

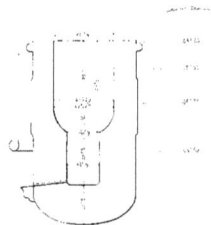
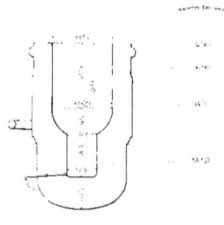

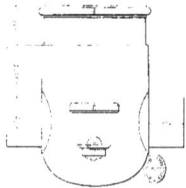
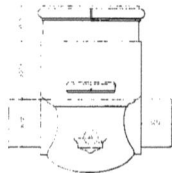

Pl. 94

Marteaux et Pannens

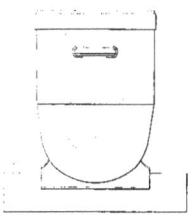

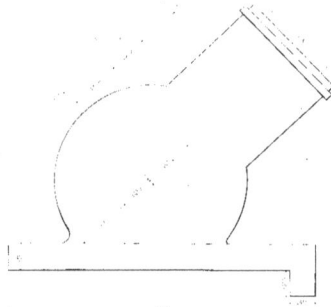

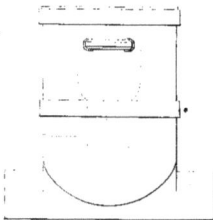

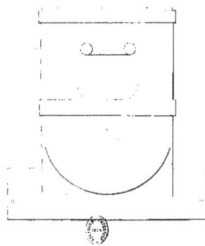

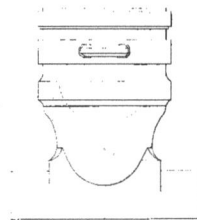

Pl. 15.

Mortiers français

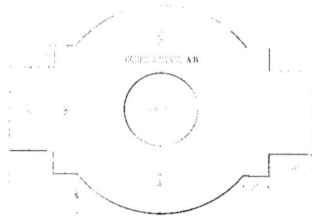

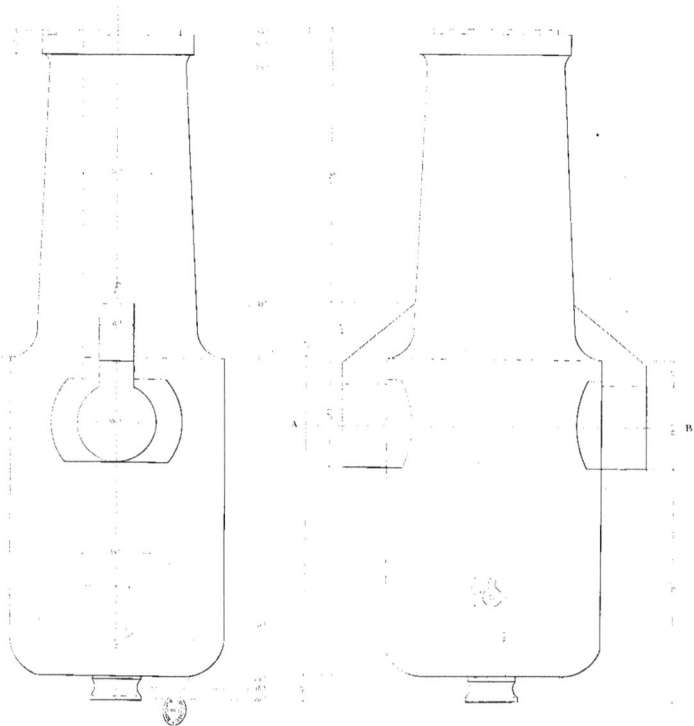

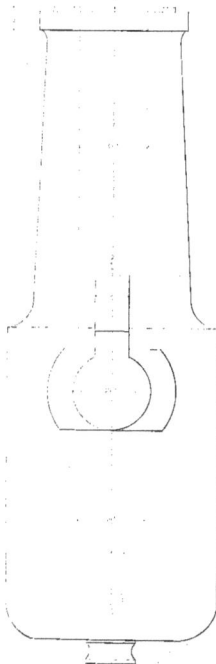

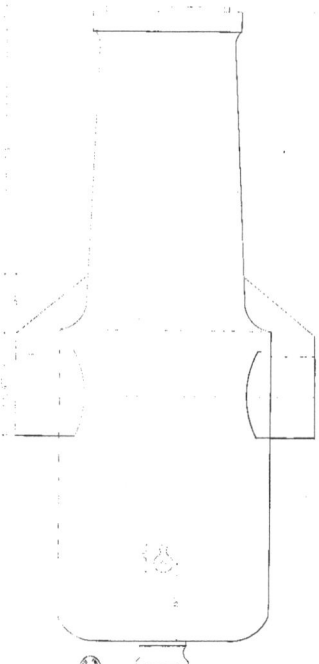

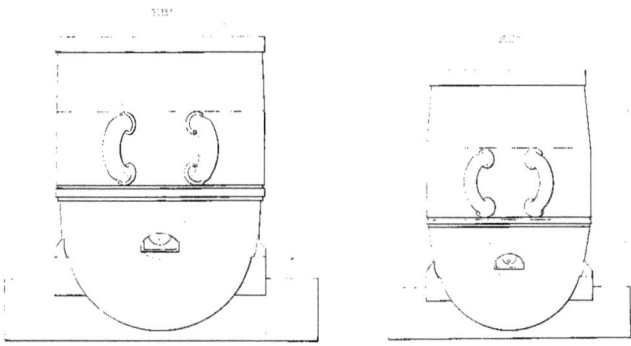

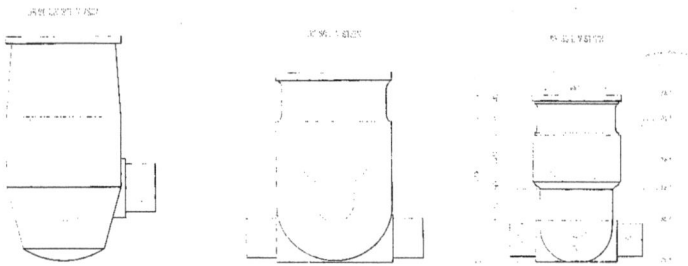

Mortiers

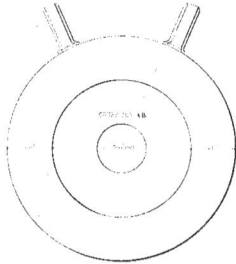

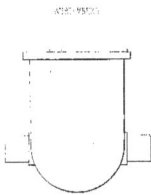

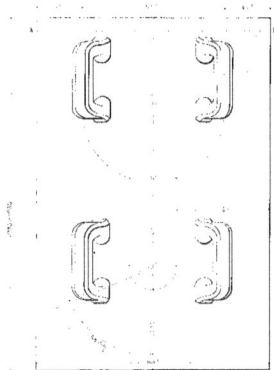

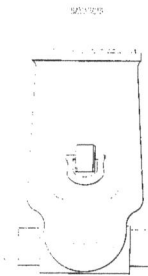

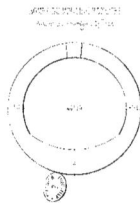

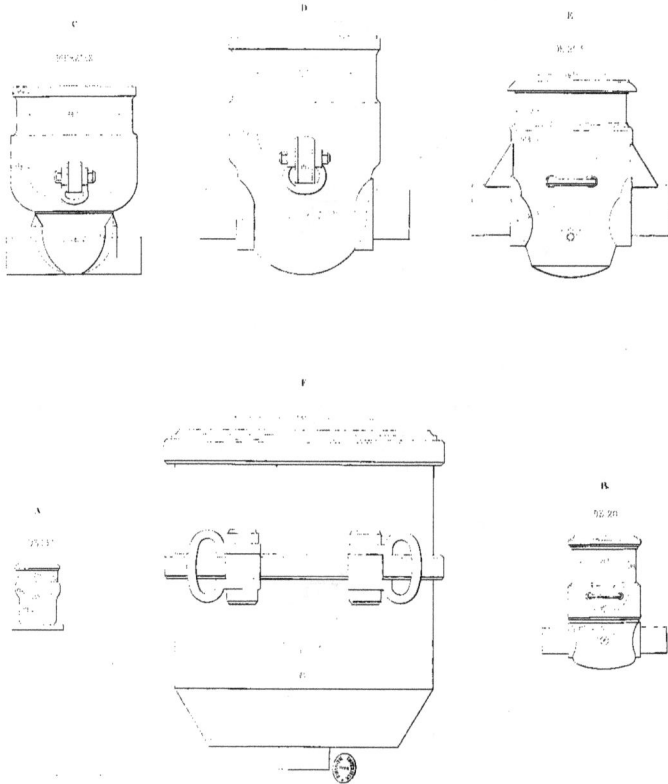

Mortiers Belges.

Pl. 85.

Mortiers

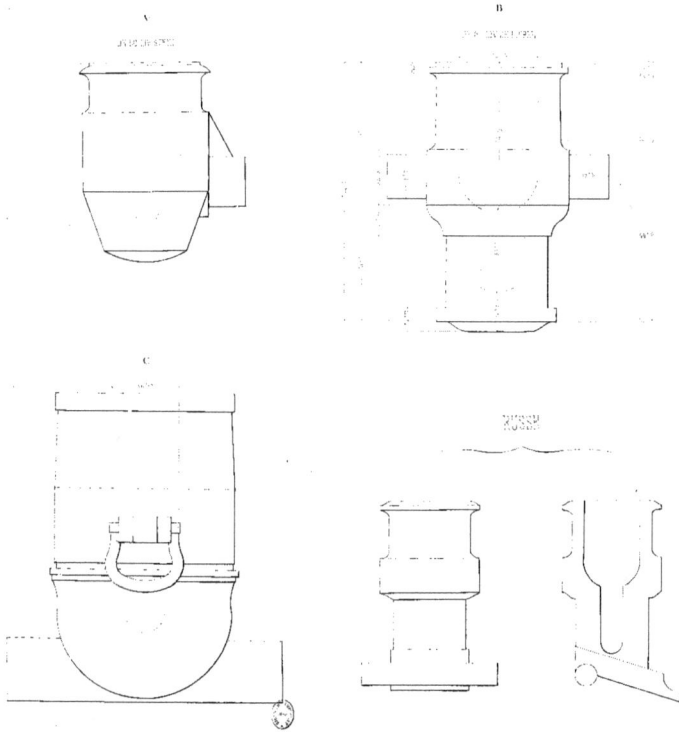

Pl. 140

Mortiers

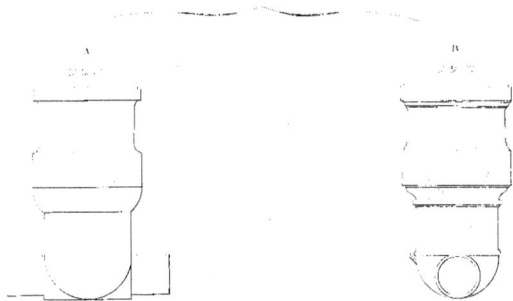

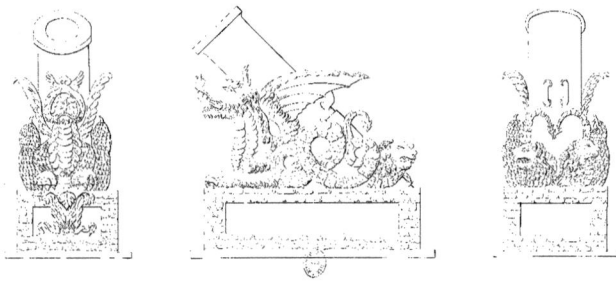

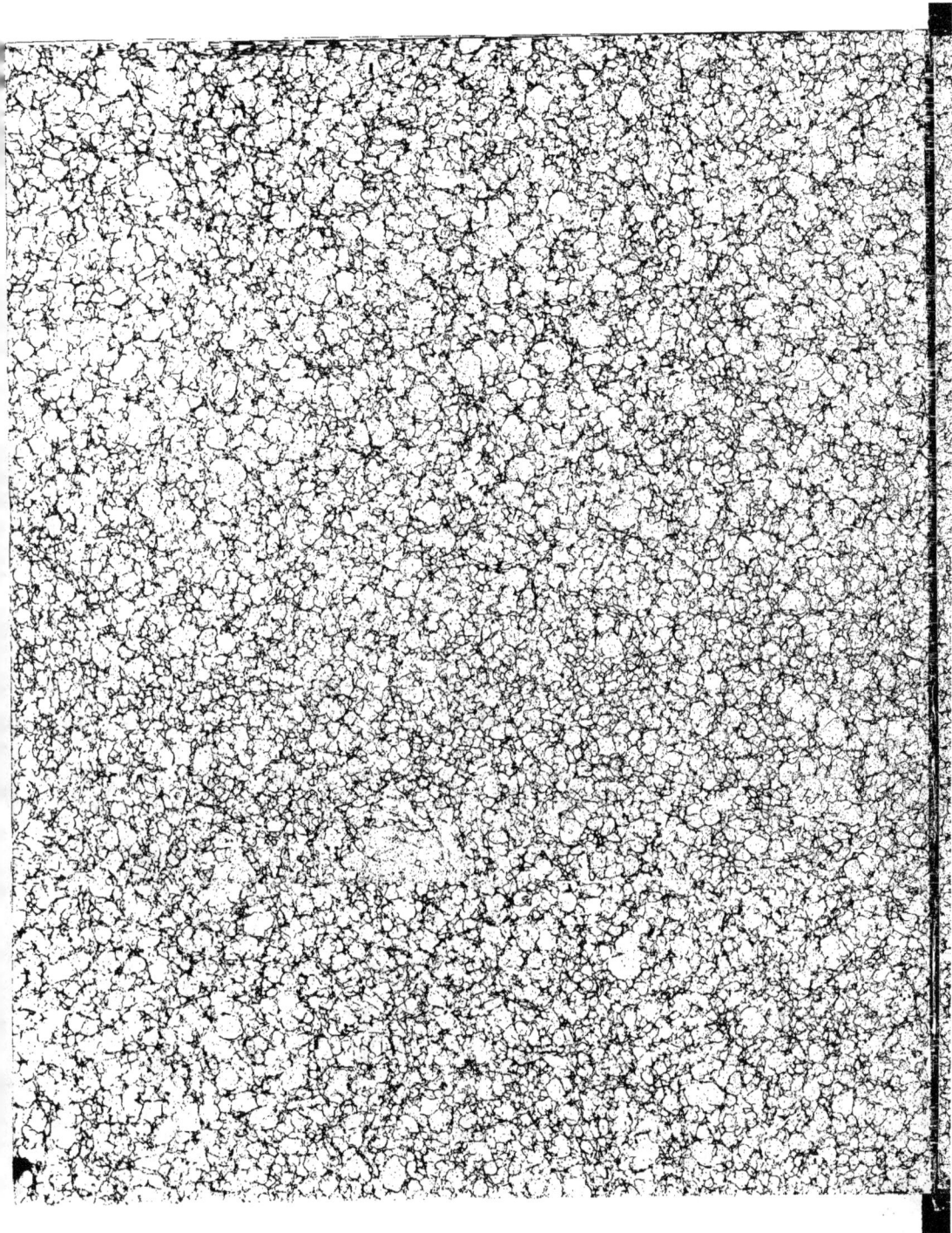

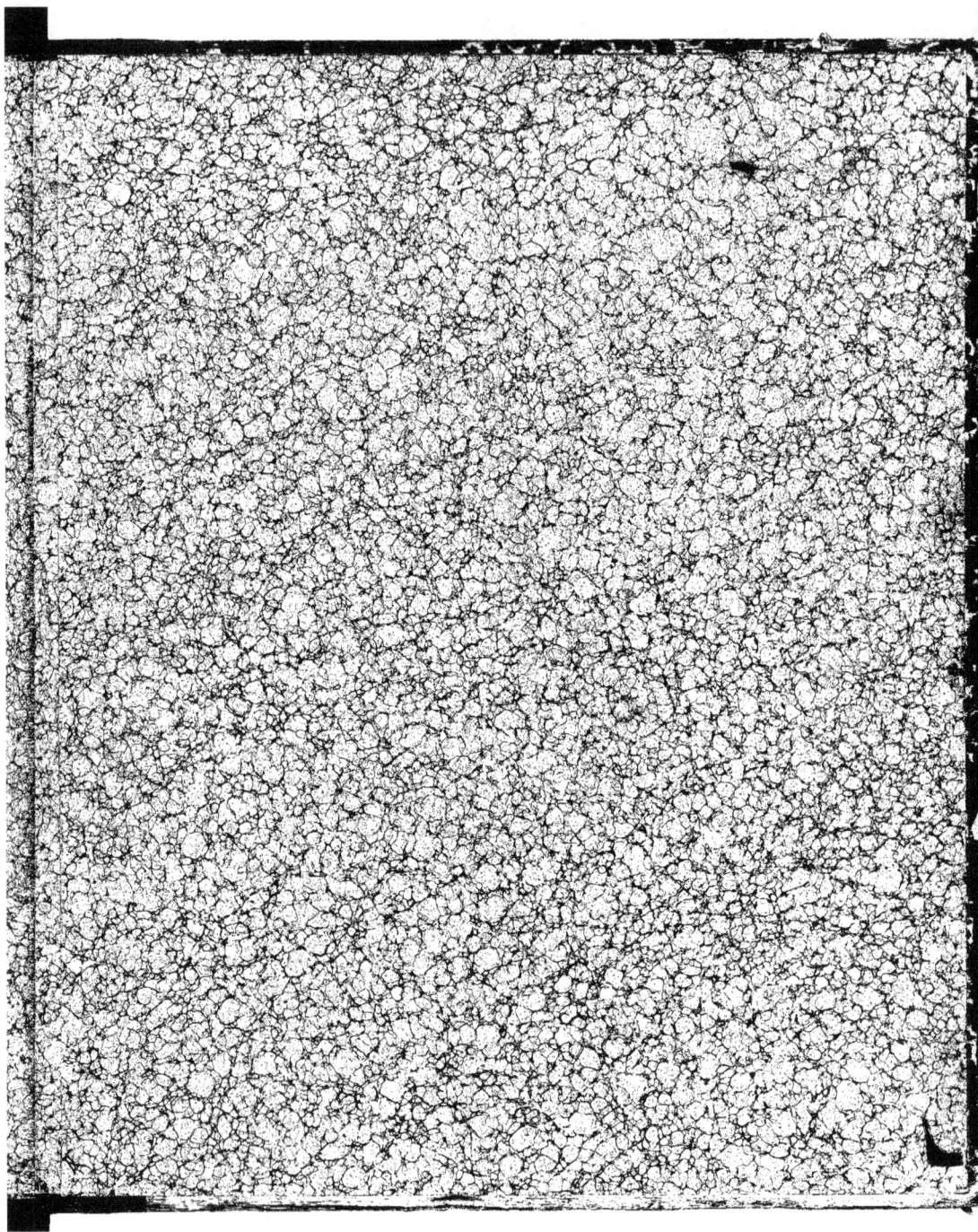